生理人類学

— 人の理解と日常の課題発見のために —

安河内　朗
岩永　光一　編著

理工図書

まえがき

　資源に乏しい日本は，久しく科学技術立国として暮らしや経済を支えてきた。海外へ目を向けると，近年先進国の仲間入りを目指す国々が随分多くなり，先端技術の競争はますます激しくなっている。このような現状は技術優先の傾向をさらに高めている。一方，この流れに抗うように出てきたユニバーサルデザイン，インクルーシブデザイン，ヒューマンセントリックデザインなどの軌を一にした人間重視の姿勢はまさに機を得た運動である。英国の産業革命によって画一的で無味乾燥なものが大量に出回り，人の手によるクラフト製品が押しやられた時代があった。当時の William Morris（1834-1896）が展開するアーツ・アンド・クラフツ運動は，やがてモダンデザインへの大きな潮流となったが，現在の運動はそれに次ぐ第二の波ともいえる。第一の波では生活と芸術の一致を目指す人間性重視であったが，現在のテクノロジー社会における第二の波では，年齢や性，あるいは個人差や個人特性の違いを超えて安全性や使いやすさなどを優先させようとしている。さらに加えて，現在では生理人類学の基本的な考え方が求められている。それは，生物としてのヒトの特徴を進化・適応のプロセスを通して理解し，そのうえで技術のあり方を考えることである。つまり，ヒトの生物学的なオリジナリティとして備わったかたちや機能に馴染むように，モノや空間を合わせようとすることである。このような進化・適応のプロセスを考える重要性は，身のまわりの課題の原因把握と併せて，その解決のための発想の基盤ができるところにある。例えば，オフィスワーカーは，長い座業により腰痛が多いという課題がある。その原因は直立に適応した身体構造を知ることにより理解できる。そうすると，「長く座っても疲れない椅子」を考えようという発想では解決に繋がらない。そもそもヒトは長く座るように適応できていないからである。長く座らないことを前提としたワークプレイスのデザインを検討すべきなのである。このように，生理人類学

的視点をもつことによって，デザインのコンセプトそのものが変わってくる。

　現生人類であるホモ・サピエンスとしての歴史は約20万年，サルとヒトが分かれるミッシングリンクまでは，現在の知見からは約700万年まで遡ることができる。この間のほとんどを占めるのは狩猟採集の時代であり，厳しい気候や不安定な食料条件といった環境の中で何百万年という時を通して進化・適応し，現在に至っている。しかし，現在のような快適で利便性の高い人工環境は人類史の地質学的時間のスケールからすれば一瞬に出現したものである。したがって今の人工環境や社会に適応できていない部分が多々あるはずである。ところが，私たち個人としては，今の時代に生まれているので今の環境を当たりまえと思い込んでいる。すばらしい技術に支えられて一見快適に暮らしているが，私たち人類が生物学的に適応した過去の環境と，それとは全く異なる現代の人工環境との乖離がさまざまな問題を引き起こしていることに，私たちは気づかないことが多い。生理人類学はそこに注目している。例えば，ヒトは直立二足の姿勢に適応し，それに見合うからだの構造や機能が選択されてきた。そのおかげでものを運搬したり，獲物を長距離追跡することでその捕捉に成功してきた。しかし座りがちの現代の生活は腰痛を招き，下半身の脆弱化や直立耐性の低下をもたらしている。暑さ寒さに対しては，空調設備によって四季に関係なく，あるいは熱帯や寒帯地域に関係なく快適に過ごすことができる。現代人の耐暑性や耐寒性の低下は容易に予測できる。だからこそ，近年頻発する震災や水害による停電時の耐性が危惧される。光については，自然の明暗のリズムにヒトのからだはサーカディアンリズムを形成して適応してきた。しかし本来暗いはずの夜間に人工照明に曝すと，サーカディアンリズムの位相後退や睡眠不足を招く。その繰り返しの結果，日中の作業効率の低下ばかりでなく，肥満や精神性障害などの種々の病気にいたりやすいことが報告されている。科学技術の発達は，その使い方によっては私たちヒトの環境適応能を弱めたり，ときに逸脱させてしまう恐れが多々あること，さらにその弊害が意識では捉えにくいものであることに注意しなければならない。

　人類史という時間軸の他に，地球規模で広がる空間的考察も重要である。人

類は地球上のほぼ全域に定住している。何世代にもわたってそこここの多様な気候・風土，あるいは生活様式に形態的にも生理的にも適応してきた。しかし現代の技術は，地球上のあらゆる場所への移動をほぼ1日で可能とする。そこでは一時的な時差の問題もあるが，長期滞在の場合，少なくとも温熱や光，あるいは高地であれば気圧などを含む新たな物理的な環境要因への適応がせまられる。現地の住民に比べて，成人後の移動には適応能にも限界があることを知っておく必要がある。

　以上のように，本書では時間と空間からみた適応史を踏まえて，ヒトのオリジナルといえる形態と機能の生物学的特性を理解していく。それによって以下のような視点ができればと願っている。

1）ヒトの理解によって，知らないうちに人間を疎外している科学技術や生活環境を識別し，それを回避できる。すなわち，日常生活に埋もれた新たな課題を発見する能力が身につく。
2）科学技術を人の特性に矛盾のない方向へ先導できる。これにより，日常生活で新たに発見した課題の解決方法を提案できる。
3）日常的な当たり前の生活の中で，当たり前でない感覚を持つことができる。
4）未来に向けた視点を持ちつつ，新たな社会ニーズにつながる課題への気づきと，その解決の基本的視点ができる。

　第四次産業革命では技術進歩の行方は見えづらい。さらに社会のシステム自体に予測できないほどの大きな変化をもたらすといわれている。変わらないのは，ヒトの生物学的な資質であり，だからこそ進化・適応の観点からヒトを理解することが重要である。

安河内　朗

目　次

Chapter 1

生理人類学を学ぶに
あたって

1.0　生理人類学を学ぶにあたって

　この本の目的は，ヒトを理解することであり，そこから生活環境にあるさまざまな問題を見いだしたり，その問題の解決にせまるヒントを得る素養を身に付けることである。本章では，生理人類学を学ぶにあたって，まず生理人類学という学問の歴史を紹介するとともに，この学問の基本的考え方や意義について理解する。

　人を理解するには，医学，生物学，スポーツ科学，生活科学などの諸分野があるが，進化・適応の視点から生活する生身の人間を理解する学問は人類学をおいて他に存在しない。ヒトの理解にあたって進化・適応の視点を持つ利点は，ヒトの人たる所以である生物学的オリジナリティを理解できることであり，そのオリジナリティと環境との関係からさまざまな問題点の検出やその対策へのアプローチが容易になることである。

　そのために進化・適応について，それらの基本的な考え方を理解する。進化については，そのプロセスや結果的に生じるさまざまな形質との関わりで遺伝学の基本を学ぶ。また適応については，長期の世代交代の中で生じる集団適応と，一世代の中で遭遇するさまざまな環境に対して生じる個体適応にわけて，それらの基本を学ぶ。第 1 章は，その後の章を理解するための導入的位置づけである。

　最後に，この本では，"人"や"身体"の表記について使い分けている。基本的に生物学的な存在としては"ヒト"，"カラダ"とし，文物としての存在は"ひと"，"からだ"と表記している。また"人"，"人間"，"体"，"身体"については，生物と文物を分けきれない場合の表現である。

1.1 生理人類学とは

┌─ □キーワード ─────────────────────────────
│ 日本人類学会，日本生理人類学会，時実利彦，佐藤方彦，バイオトロニクス，ヒトの
│ 適応能力，予測適応
└───────────────────────────────────────

1.1.1 生理人類学とは

　私たちは人間についてどれだけのことを知っているだろうか。例えば小学校，中学校，高等学校ではいろいろなことを学んできたが，人間については人文科学，社会科学，自然科学の分野を通して生活の諸活動や歴史，文化，またカラダの構造や働きなどを教えてくれた。しかし，ヒトの生物学的な特徴や進化の歴史，また一般生活における人の行動や生物学的な諸反応を教えてくれるのは，やっと大学に入ってからである。しかも数多くある科目の中でも，ごく少数の「人類学」やその関連科目に遭遇できたもののみである。近頃，熱中症になる人が増えたのはなぜか。日中の眠気に悩まされたり，逆に夜は眠れなくなるのはなぜか。最近の子どもは親の世代より運動能力が落ちてきたのはどうしてか。あるいは，サマータイムの導入は人々にどんな影響を及ぼすのか，など重要な問題でありながら課題視せずに流してしまっていないだろうか。恐らく，人類学や生理人類学を学んでおけば，このような問題を意識化して，然るべき対応を考える人々が増えるはずである。

　確かに大学に入ってからは，他にもヒトの生物学的な側面を教えてくれる学問分野はある。医学，生物学，スポーツ科学，生活科学などが該当する。しかし，例えば医学の狙いは治療・予防であり，生物学は生命の根源という大テーマに向かう。またスポーツ科学は各種競技の記録への挑戦である。そういう意味では，生活科学は日常の衣食住や家族関係などについて生身の生活や環境との関わりを教えてくれるが，残念ながら人類学的要素は少ない。このように，ヒトや人を対象とする学問でもその分野によって追求するテーマが異なるた

め，人類そのものを科学する人類学の存在は大きい。

　さて，日本の人類学はいつ頃から始まったのか。その歴史は古い。1884年，東京帝国大学の若干21歳の学生だった坪井正五郎（つぼい　しょうごろう：1836-1913）が，わずか10名ほどを発起人として立ち上げたのが「じんるいがくのとも」であった。これが現在の日本人類学会の母体組織となる。世界で最も古いパリ人類学会から遅れることわずか25年のことであった。そもそも日本には『常陸国風土記（713年）』という古い書物に既に貝塚の記載があるなど，人類学が芽生える土壌は古くからあったといえる。

　学会の発足時，坪井は「ゆくゆくは古今内外を問わずすべて人類に関する自然の理を明らかにする考えから広き名をもって漸進を期する」として「人類学会」と名付けた。当時，人類学という言葉自体が存在してなかったことを考えれば，感慨深い名称である。現在では，**日本人類学会（The Anthropological Society of Nippon）**は130年を超える歴史を有し，ここから考古学会，民族学会，民俗学会，文化人類学会，霊長類学会，生理人類学会と多くの分野が独り立ちした。

　日本生理人類学会（Japan Society of Physiological Anthropology）の組織的母体のスタートは1979年になるが，「生理人類学」という分野が始まったのは1939年，東京帝国大学理学部の人類学科を主宰した長谷部言人（はせべ　ことんど：1882-1969）のときである。そして生理人理学の授業を最初に担当したのが，当時同大学付属医学専門部の**時実利彦（ときざね　としひこ：1909-1973）**であった。後年，人類学科の学生だった**佐藤方彦（さとう　まさひこ：1932-）**は時実に師事し，以来日本の生理人類学研究を先導していくことになる。

　生理人類学という学問は，現代に生きる私たち自身，あるいは近未来に生きる私たちの子孫のための人類学である。700万年におよぶ人類史の中で，長い長い狩猟採集時代から農耕社会へ移行したのは，その地質学的時間軸からすると，ついこの間のことである。特に直近の産業革命以降は科学技術を大いに発達させ，高度な文明を創り出し，人類は生物史上例を見ない繁栄を誇ってい

る。しかし，生物は環境に適応できたものだけが生き残ってきたという事実がある。人類が生物学的に適応したのは，人類史の大半を占める狩猟採集時代の環境と考えられる。まさに一瞬にして現れた現代の科学技術文明下の環境に適応できているかどうか，その具体的な根拠は乏しい。従って，現代の繁栄を人類学の立場から維持していくには，ヒトの生物学的な特性を真に解明，理解し，科学技術をこれと矛盾しない方向へ発展させる必要がある。坪井の「ゆくゆくは人類に関する自然の理を明らかにする」という考えは，まさに生理人類学の基本路線に繋がる。生理人類学に関わる研究者の専門領域は，公衆衛生学，脳科学，認知科学，生物学，遺伝学，栄養学，建築学，生活科学，環境科学，スポーツ科学，労働科学など全て挙げきれないほどの多岐に渡っている。人類を科学するには，あらゆる分野の専門家が総がかりで取り組まねばならない。さらに生理人類学は，ヒトの生物学的特徴を明らかにする基礎研究のみでなく，ヒトが人として生活する環境との関係性にもおよび，そこから具体的な環境改善に貢献するための応用研究も必要としている。

1.1.2 生理人類学研究の基礎と応用

生理人類学の基礎的研究は1950年代に始まる。時実に大きな影響を受けた生理人類学の研究者は，この時代から活動が活発になる。特にここでは筋電図（electromyography：EMG）の登場により，歩行や作業時の種々の動作に関わる骨格筋の同定やその機能的差異を検討し，生活のさまざまな場面における筋疲労の評価研究へと進む。そのような成果は全身的身体作業能力（physical work capacity）の研究へと繋がっていった。1970年代から80年代にかけて特筆すべきは，人工気候室（biotron）の導入である。これは部屋の温度，湿度，気流，照度，気圧などの物理的環境要因を個々に調節して任意の人工環境を造成するもので，人工環境調節装置とも呼ばれる。その目的は，造成された種々の人工環境にヒトを曝露し，その間の行動や生理反応を測定，観察することで，環境への生物学的な適応能を研究することである。このような研究手法は**バイオトロニクス（biotronics）**と呼ばれた。これによって，例えば熱帯地方，寒帯地

方，あるいは海底の高圧下や高地の低圧・低酸素下を想定した人工環境を造成し，そこでの体温調節反応や酸素運搬機能の諸能力を検討する。そうしてさまざまな物理的環境における**ヒトの適応能力**（**human adaptability**）に関する研究が展開された。

　以上のように，活動筋の同定，筋疲労の評価，作業能力と形態との関係，バイオトロニクスによる温熱・気圧・光などの生体への影響へと個々の研究の蓄積は常に次のステップの基礎をなしてきた。1980年代以降のもうひとつの特徴は，従来の暑熱や最大作業のような厳しいストレス下の研究から精神作業のようなそれまでとは質の異なるストレスを評価する研究に代わっていったことである。労働環境の多くが屋外からオフィスのような屋内へ移行し，空調完備の心地良い部屋でコンピュータを用いた創造性を求める作業に対応する必要があった。生活全般において環境が快適に便利になったことが反映されている。この時代から社会では"快適性"や"感性"などのキーワードが注目され，これらの科学的な解釈や客観的な評価が追求されることになる。いずれにしても，これまでの一連の研究は，現代生活の各場面におけるヒトの適応能の研究に集約された。

　このような状況の中で，これまでに蓄積された研究資料を生活の現場に応用し，技術文明に支えられた現代の人工環境を適応能の観点から問い直す気運が高まってきた。ここにきて生理人類学的研究は，人間らしい真に健康で快適な生活環境の創成を目指す新しい段階に差し掛かった。一方で社会では，急速な技術進展に伴う生活環境の変化が，果たして人間にとって良いものかどうかへの関心が高まってきた。従って企業もそれまでのように単に製品を造り販売するだけでなく，人間の健康や使いやすさなどへの配慮を客観的な資料で示す必要性に迫られてきた。すなわち，生理人類学者にとっても社会にとっても，人間にとってどのような生活環境が好ましいのか，早急に取り組むべき課題があるという共通の認識がでてきたのである。このようにして，1990年代以降は社会的ニーズに対応する生理人類学の研究態度がでてくる。従って，これまでのような実験室実験や野外調査だけではなく，実際の生活環境をつくりだしてい

る企業その他の団体，機関との研究交流が必要になった。その結果，企業や諸機関との多くの共同研究が始まり，実験的に得られた人間側の資料を反映した製品や空間の開発が進むことになった。

1.1.3　生理人類学のコンセプト

　改めて生理人類学とは何か考えてみよう。生理人類学とは，生身の人間を対象にヒトの生物学的な特徴を時間軸と空間軸から見い出し，その特徴に則って生活のあり方（ソフト）や環境（ハード）を見直すことで，現代と近未来の人類福祉に貢献する科学といえる。それでは，時間軸と空間軸からどのようにヒトの特徴を見い出し，そこから課題を見つけるのであろうか。例を挙げて概観する。

(1)　時間軸からのアプローチ

　ここでいう時間軸とは，700万年というヒトの適応史である。この時間軸の99%以上は狩猟採集の時代であったことに注目する。例えばこの間，人が得る毎日の食糧の保証はなかった。そういった環境で生き残るには，いかに空腹に耐え，いかに効率的に栄養素を補給できるかが重要であった。そこでカラダに必須の栄養素に対しては強い嗜好性が働くようになる。私たちのカラダに必要な糖，塩分，タンパク質には，それぞれ甘味，塩味，旨味という味覚との対応ができ，強い嗜好性のもとで積極的にこれらの栄養素を取り込んでいる。高カロリーの脂肪については，フレーバーとしての嗅覚も併せて働き，さらに取り込みを促している。一方酸味，苦味により腐敗や毒性のものを避け，また空腹を多く経験することで，余分な栄養を脂肪として高効率に蓄える仕組みも身につけた。ところが，現代は飽食の時代である。これが時間軸上瞬時にあらわれたので，食糧不足に備えた味の嗜好性はそのまま残ることになる。従って，甘いもの塩辛いものをどんどん取り込むこととなり，やがては糖尿病や高血圧としてカラダは悲鳴を上げる。こういったことがヒトの適応のための生物学的特徴を踏まえた現代の課題と見なされる。私たちのカラダは空腹には耐えても満

腹に耐える適応はない。

　これに関連して近年，特に日本人の女性では妊娠中のダイエットが流行っている。気になるお腹の出っぱりを抑え，小さな赤ちゃんで出産を楽にしようとでもいうのだろうか。お腹の赤ちゃんは，お母さんのへその緒を通してのみ外界の栄養事情を予測できる。先の適応上の経緯を考えると，妊娠中にダイエットをすれば赤ちゃんは外界の食糧不足に備える。へその緒から得られる限られた栄養でも生きていけるように血糖値を維持しようとする仕組みができてくる。このように胎児が外界を予測して，事前に適応上の備えをすることを**予測適応**（**predictive adaptation**）という。赤ちゃんが生まれ出た後，そこが飽食の環境であったなら，その赤ちゃんの成人後には糖尿病や循環系障害などのさまざまな医学上の問題が生じやすいことが分かってきた。これもヒトの適応的特徴からみた現代の課題である。

　ヒトの生物学的特徴は，直立二足という独自の姿勢に適応したことによって多くが形成された。そのおかげで長距離追跡が可能となり狩猟の成功率を高めたが，現代では1日の多くを座る姿勢で暮らしている。このため腰痛が非常に多くなった。直立を可能とするために生じた脊柱のS字状のカーブのうち，腰椎の前湾部分が椅座によりフラットになることで腰部椎間板に持続的な負荷がかかることが原因のひとつとされている。座ることは楽である，とは必ずしもいえない。

　このように時間軸からみたとき，生き残るために獲得したヒトの適応上の資質は現代では逆に作用することが多い。ここに現代の課題として注目すべきことが多々見い出されることになる。

⑵　空間軸からのアプローチ

　空間軸とは地球上におけるさまざまな物理的，文化的，また生態学的条件を持つ地域（空間）の広がりであり，経度，緯度，高度の3次元の軸を持つ。それぞれの地域住人は，その地の気候・風土や食や振舞いなどの生活文化，また病気などさまざまな環境条件に適応している。

　生態学的に，寒い地方に棲む動物は暑い地方に棲む同種あるいは近縁の動物に比べ大きく，首や尾といった体幹からの出っぱりが小さい。前者はベルグマンの，後者はアレンの生態学的法則と呼ばれる。マレーグマよりホッキョクグマが大きいのはベルグマンの法則（Bergmann's rule），アリゾナのうさぎより極地のうさぎの耳が小さいのはアレンの法則（Allen's rule）である。体が大きいほど，出っぱりが小さいほど体の単位体積当たりの表面積が小さくなり，寒い環境では体温を保持しやすくなる。人間にも概してこの法則は当てはまる。一般に，北欧の人は地中海地方の人より大きかったり，アフリカの人より日本人の手足が短いのはその例といわれる。また生理的にも，体温調節能力は熱帯地方の人は暑さに優れ，寒帯地方の人は寒さに優れている。

　生物には誕生地の環境にいち早く適応して生き残りのチャンスを広げる仕組みが備わっている。先の予測適応もそうである。例えば，赤ちゃんは数百万の汗腺を持って生まれ出るが，このうち何割が実際に汗を分泌できる能動汗腺になるかは，生後の気候条件に依存する。例えば，フィリピン人は日本人より多くの能動汗腺数を持つ。この差は生後2，3年のうちに形成される。従って日本人がフィリピンに行って子どもを産み育てると現地の人と同じ水準の能動汗腺数を持つが，成人後の日本人がフィリピンに何年滞在しようとも現地の人との差は縮まらない。しかし，フィリピン人の赤ちゃんが現地で快適な空調のもとで2，3年育つと，恐らく日本人と同じ水準になるかもしれない。ここにも現代文明の課題が潜む。

　さらに文明は，人をいとも簡単に飛行機で移動させる。アフリカの人が北欧に住めば，寒さに対しては体温保持に不利になり，また少ない日照量に対しては骨の形成に不利になる。骨形成に必要なビタミンDの合成は日光の紫外線を必要とするが，表皮の多量のメラニン色素が邪魔をすることになる。概して，東西に移動すれば時差ボケの問題が起き，南北に移動すれば温度差による体温調節や日照量の問題が起きやすくなる。今後，宇宙への移動が一般化されると，重力の影響や明暗周期の違いによるサーカディアンリズム（概日リズム）の問題が深刻となるだろう。

　ヒトのカタチや機能の特徴には生き残るための適応上の必然性があり，それらは時間軸，空間軸の両面から形成されている。これらの特徴にそぐわない行動や環境があれば，それらを見直す必要がある。すなわち，どこが"そぐわない"のかを見い出すのが課題発見であり，それらをどのように"見直す"かが課題解決といえる。これが本書のコンセプトである。

引用・参考文献

1 ）寺田和夫：日本の人類学，角川文庫，1981.
2 ）安河内朗：日本生理人類学の動向 – 第一報：日本生理人類学会を振り返って，日本生理人類学会誌，16：59-60, 2011.
3 ）安河内朗：日本生理人類学の動向 – 第二報：環境適応研究の今後の取り組みへの試案，日本生理人類学会誌，16：103-114, 2013.

1.2　遺伝と進化

┌─ □キーワード ──────────────────────
│　進化，遺伝，ゲノム，多型，負の自然選択，正の自然選択，遺伝的浮動
└────────────────────────────────

1.2.1　はじめに

　ヒト（*Homo sapiens*）は，直立二足歩行，カラダの大きさに比して巨大な脳，複雑な言語の使用など，他の動物にはないユニークな特徴を数多く持っている。また，ヒト同士を比べてみても，皮膚や体毛の色，顔貌，体格など，さまざまな形質が大きな多様性を示す。ヒトの生物学的特徴やその多様性は，数百万年に渡る進化の過程で形成されてきたものであり，ヒトを理解するためには，まずその進化について学ぶ必要がある。"**進化**"（evolution）という語は，テレビやゲームなどさまざまなメディアに登場するが，学術的な定義とはかけ離れた文脈で使用されていることが多い。進化とは，生物の集団が持つ形質が

世代を経るごとに変化していく現象のことである。この"世代を経るごとの集団の変化"を担ってきたものこそ，私たちが持つゲノムである。従って，ヒトの進化の過程とその結果形成されてきた形質の多様性をより深く理解するには，遺伝学についての基礎知識が不可欠である。本項では，ヒトの種内における形質多様性に特に着目して，進化遺伝学の基礎について概説する。

1.2.2 ヒトのゲノムとその多様性

ヒトを含め，真核生物の遺伝情報は細胞の核内に存在する高分子核酸であるデオキシリボ核酸（deoxyribonucleic acid：DNA）によって担われている。核内の DNA は，ヒストン（histone）と呼ばれる塩基性のタンパク質に巻き付いてクロマチン（chromatin）という複合体を形成している。遺伝情報の総体は**ゲノム（genome）**と呼ばれており，ヒトゲノムはおよそ30億塩基対の DNA に相当する。この30億塩基対は，22本の常染色体（autosome），1本の X 染色体（X-chromosome），および1本の Y 染色体（Y-chromosome）という24本の単位に分かれている。ヒトゲノム中にはおよそ2万個の遺伝子が存在すると見積もられているが，タンパク質情報をコードしている領域はゲノム全体の1〜2％程度に過ぎない。残りの大部分は，イントロン，繰り返し配列，転移因子，タンパク質はコードしていないが他の遺伝子の発現量を調節する機能のあるRNA 遺伝子などで構成されている。

個人間で塩基配列の相違を示すゲノムの箇所を**多型（polymorphism あるいは variation）**と呼ぶ。多型には，よく知られた一塩基多型（single nucleotide polymorphism：SNP）の他，挿入・欠失多型，コピー数多型など，さまざまな塩基配列のタイプが存在する。世界各地のヒト集団から収集されたおよそ2,500人の全ゲノム塩基配列を解読した結果，ヒト集団中には少なくとも8千8百万箇所にのぼる多型が存在することが明らかになっている[1]。それぞれの多型で確認できる塩基配列の要素をアレル（allele）と呼び，各個人が持つアレルの組み合わせを遺伝型（genotype）と呼ぶ。例えば，**図1.1**にあるようなA と G のアレルを持つ常染色体上の一塩基多型では，ヒト個体は AA，AG，

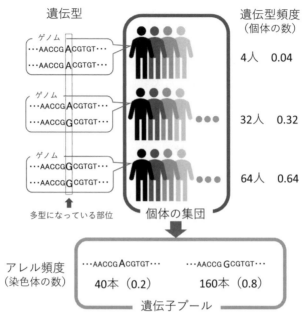

遺伝型

ゲノム
…AACCG**A**CGTGT…
…AACCG**A**CGTGT…

ゲノム
…AACCG**A**CGTGT…
…AACCG**G**CGTGT…

ゲノム
…AACCG**G**CGTGT…
…AACCG**G**CGTGT…

多型になっている部位

遺伝型頻度
（個体の数）

4人　0.04

32人　0.32

64人　0.64

個体の集団

アレル頻度
（染色体の数）

…AACCG**A**CGTGT…
40本（0.2）

…AACCG **G**CGTGT…
160本（0.8）

遺伝子プール

Aアレル頻度＝（AA人数×2＋AG人数）÷200＝0.2
Gアレル頻度＝（GG人数×2＋AG人数）÷200＝0.8

図1.1　ゲノム上の多型の遺伝型とアレル

GG の 3 つの遺伝型のいずれかを持つことになる。なお，2 つの相同染色体に同じアレルを持つ状態をホモ接合といい，それぞれに異なるアレルを持つ状態をヘテロ接合という。集団中における遺伝型およびアレルの存在比率は，多型によってまちまちである。各遺伝型の個体数から遺伝型頻度を計算することができ，遺伝型頻度の情報があればアレル頻度も計算することができる（**図1.1**）。先の一塩基多型を100人のヒトで調査して，AA，AG，および GG の各遺伝型の人数が 4 人，32人，および64人だったとする。遺伝型頻度は，調査した人数における各遺伝型の割合であり，それぞれ0.04，0.32，および0.64となる。この100人の集団中では，この多型部位を持つ染色体が200本存在することになる。ホモ接合の個体はそれぞれのアレルを 2 本有し，ヘテロ接合の個体は 1 本ずつを有するので，この200本の染色体での A アレルの数は 4 × 2 ＋32＝

40となる（**図1.1**）。また，2つのアレルがある多型では，**図1.1**のAアレルの
ように頻度の低い方のアレルを特にマイナーアレルと呼ぶ。マイナーアレル頻
度がより低い多型ほど，稀な多型（rare variation）であり，0.5に近づくほど
ありふれた多型（common variation）ということになる。

1.2.3 ハーディー・ワインベルグの法則

　個体数が無限の生物の集団（実際には存在しないが）を考えてみる。この集
団で，ある多型のAAとAGとGGの各遺伝型が1：8：16の割合で存在して
いるとすると，AアレルとGアレルの頻度は，Aが0.2，Gが0.8となる。こ
の集団の全ての個体がランダムに交配して，やはり無限大の個体数がある次の
世代を作ると，子世代でのアレル頻度は親世代のそれと同じになるはずであ
る。ハーディー・ワインベルグの法則（Hardy-Weinberg's law）は，新たな突
然変異が起きない，自然選択が起きない，集団のサイズが無限大で常に一定で
ある，他の集団との交流がない，などの条件を満たした生物集団では，世代が
変わってもアレル頻度が変化しない，という法則である。ハーディー・ワイン
ベルグの法則に厳密に当てはまる集団では，遺伝子プールは世代が経過しても
変化しないので，進化が起きないことになる。従って，この成立条件を乱す要
因こそ，生物の遺伝子プールに変化を与え，進化の原動力となっているといえ
る。なお，ハーディー・ワインベルグの法則が成立している生物集団では，ア
レル頻度の積から遺伝型頻度を推定することができる。先のAとGのアレル
の例では，AAが0.2×0.2，AGが2×0.2×0.8，GGが0.8×0.8で与えられ
る（**図1.1**）。ヒトも厳密にはハーディー・ワインベルグの法則の成立条件を満
たしてはいないが，アレル頻度から推定した遺伝型頻度の予測値は，実際のヒト
集団での遺伝型頻度と良く合っていることが知られている。

1.2.4 突然変異・自然選択・遺伝的浮動

　多型を集団中に供給しているのは，配偶子形成の際に起きるDNAの突然変
異（mutation）[*1]である。アイスランド人のトリオ78組の全ゲノム配列を解読

した研究から，新生児はおよそ70個の新しい多型を持って生まれてくることが報告されている[2]。これらの新しく生まれた多型は，最初は集団の中で1コピー（ただ1人がヘテロ接合になっている状態）しか存在しないが，世代が経過するにつれてその頻度が変化していく。新たに生まれたアレルが遺伝子の機能に大きな変化をもたらす場合，そのアレルを持つ個体は，そうでない個体よりも子孫を残す確率が低くなることがままある。そのようなアレルは，**負の自然選択（negative natural selection）**によって速やかに集団から失われる。一方，遺伝子の機能に大きな変化をもたらすアレルは，稀に個体の生存や繁殖にとって有利に働くことがある。その場合，このアレルを持つ個体はそうでない個体よりもより多くの子孫を残すことができるので，そのアレルは世代を経るごとに速やかに集団中に広まっていくことになる。このような過程を**正の自然**

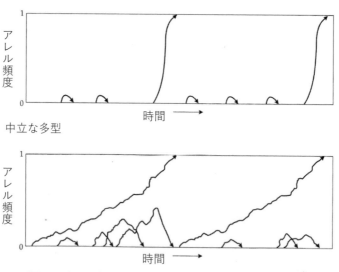

図1.2　自然選択を受けた多型と中立な多型の頻度変化[11]

＊1）mutation（変異）という語は，稀な多型（一般にマイナーアレル頻度が1％未満のもの）と同義で使用されることがある。

選択 (**positive natural selection**) と呼ぶ。

　正の自然選択は，有利なアレルを集団の中に蓄積してゆき，形質の変化を引き起こすので，まさに，"生物の集団が持つ形質が世代を経るごとに変化していく現象"の原動力そのもののように思える。しかし，突然変異によって新たに生まれてきた多型のほとんどは，遺伝型間で個体の生存や繁殖の成功率に大きな違いを示さないので，強い自然選択の対象とはならない。このような進化的に中立に近い多型では，配偶子を抽出する確率の機会的浮動によって，世代を経るごとにアレル頻度が変化していく。**遺伝的浮動** (**genetic drift**) として知られているこの現象は，ハーディー・ワインベルグの法則の成立条件である"集団のサイズが無限大で常に一定である"に実際の生物の集団が当てはまらないために起きる。中立な多型は，自然選択が作用する多型に比べてアレル頻度の変化が緩慢なので，集団中で固定（全ての個体がいずれかのホモ接合となる）されていないものが多くなる（**図1.2**）。木村資生（きむら　もとお：1924-1994）が提唱した分化進化の中立説では，遺伝的浮動こそ生物の進化の主な原動力として考えられている。遺伝的浮動は個体数が少ない集団ほど強く働き，世代ごとのアレル頻度の変化幅を大きくする。一般に，ある集団がサイズの縮小を経験すると，遺伝的浮動の効果によってゲノム全体の多様性が低下することが分かっている。この現象はびん首効果（bottleneck effect）として知られており，特にアフリカ以外の大陸のヒト集団は，過去10〜2万年前の間に強いびん首効果を経験したことが明らかになっている[3]。さらに，サイズが小さい集団では，先に述べた負の自然選択が効果的に働かず，多少有害な突然変異であっても取り除かれることなく蓄積する確率が増える。ヒトは類人猿に比べて，その進化の過程で集団サイズが小さい期間がより長かったことが示唆されている[4]。脳の巨大化のようなヒトに特徴的な形質の出現には，正の自然選択だけではなく，小さな集団サイズとそれに伴う負の自然選択の緩和が大きな役割を果たしていると考えられている。

1.2.5　現代人の形質多様性と進化

　DNAマイクロアレイ技術や次世代シークエンシング技術の急速な発達により，世界各地のヒト集団における多型のレパートリーとその頻度情報が包括的に調査できるようになった。その結果，ゲノム全域を走査して，中立進化から逸脱しているような多型が多く存在する領域を同定することができるようになった。これにより，現代人の間で認められる遺伝形質の多様性の一部は，過去に作用した正の自然選択によって生み出されたことが明らかになっている（**図1.3**）。この中でも，乳糖耐性は特に多くの研究から自然選択の関与が支持されている形質である。ヒトやウシなど多くの真獣類の乳汁中には，ラクトースという二糖が含まれている。ラクトースは小腸粘膜上皮細胞が発現するラクターゼという酵素の働きによって，グルコースとガラクトースへと分解され，体内へと吸収される。ラクターゼは乳児期には強く発現しているが，思春期以降は発現量が低下するので，成人が大量の生の牛乳を摂取すると，ラクトースが栄養として分解・吸収されることなく大腸へと到達する。大腸へ到達したラ

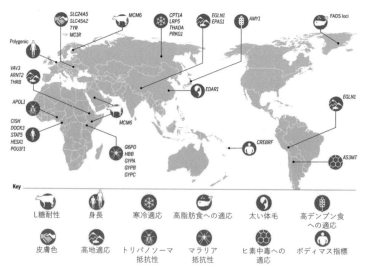

図1.3　自然選択で多様化したヒトの形質と遺伝子[12]

クトースは，腸管内の浸透圧や pH などに変化を与えることにより，下痢など
の不快な症状を引き起こす。このような性質を乳糖不耐性（lactose intoler-
ance）と呼ぶ。離乳後の個体が乳糖不耐性となるのは真獣類では一般的であ
り，母親が次の子どもの出産・育児にエネルギーを傾けるという意味で適応的
な現象といえる。ところが，ヨーロッパ，中東，アフリカの一部の地域では，
成人しても乳糖を分解できる体質である乳糖耐性（lactose tolerance）を持ち合
わせたヒトの頻度が高い。乳糖耐性の頻度が高いヒト集団は，歴史的に牧畜を
生業としてきた集団が多く，成人でも生乳を栄養源として利用できることが，
適応上極めて重要であったと考えられる。乳糖不耐性と乳糖耐性は，ラクター
ゼ遺伝子（*LCT*）の上流域に存在するエンハンサーに生じた多型の遺伝型で決
定されている。*LCT*-13910C/T として知られるこの多型は，C アレルが祖先型
で，T アレルのヘテロ接合あるいはホモ接合の個体が乳糖耐性となる。T アレ
ルでは，この多型周辺の塩基配列に Oct-1 という転写因子タンパク質が結合
しやすくなっており，これが成人でも *LCT* の転写を活発化している原因と
なっていると考えられている。T アレルはヨーロッパを中心とした地域に限局
して存在しており，東アジアのような乳糖耐性の頻度が極めて低い地域では認
められない。コンピュータシミュレーションから，T アレルはおよそ7500年前
の中央ヨーロッパで出現し，強力な正の自然選択によって牧畜を生業としてき
た集団の間に広がった可能性が報告されている[5]。また，興味深いことに，東
アフリカの遊牧集団における乳糖耐性は，-13910C/T のごく近傍に存在する
別の多型が原因となっている。この多型は，東アフリカの集団でのみ高頻度で
認められ，ヨーロッパ人では確認されていない。これは，ヨーロッパと東アフ
リカで独立して乳糖耐性が出現したことを意味しており，ヒトにおける収束進
化（convergent evolution）の一例だと考えられている[6]。

　正の自然選択は，新たに生じた多型が個体の生存や繁殖に有利に働く場合に
作用する。ただし，そのような条件がいつまでも続くとは限らない。祖先集団
では有利だったアレルが，現代的な生活ではかえって個体の健康に悪影響を与
えたりもする。過去と現在の環境のミスマッチによって深刻化していると考え

られている現代人の健康問題のひとつが肥満である。現代人の易肥満性を進化的に説明した有名な仮説が，James V. Neel（1915-2000）が提唱した倹約遺伝子仮説（thrifty gene hypothesis）である。ヒトは永らく食料供給が不安定な狩猟・採集生活を送っており，食糧が入手できた機会にできるだけたくさん食べて，エネルギーを脂肪として蓄積できる体質に寄与する倹約的な遺伝型を持つ個体が生存上有利であったと考えることができる。このような倹約的な遺伝型が現代人に受け継がれ，食糧が容易に入手でき運動の必要が乏しい現代社会での肥満の原因となっているとする仮説である。倹約遺伝子仮説の妥当性については，これを批判する意見も多いが，最近，有望な倹約遺伝子が報告された。*CREBRF* という遺伝子のタンパク質コード領域に存在するある多型には，サモア人をはじめとしたポリネシアの人々でのみ高頻度で認められるアレルが存在している。このアレルを保有しているサモア人は，そうでないサモア人に比べて大きいボディマス指標を持つ傾向があり，さらにこのアレルがサモア人の祖先系列で正の自然選択を受けた証拠も見つかっている。サモアをはじめとしたポリネシア地域の人々はオーストロネシア語族集団に属しており，およそ4千年前の台湾周辺にその起源を持つ。彼らは高度な航海術を駆使して紀元前900年頃にはポリネシアに進出している。現在のポリネシア人は世界中で最も肥満者の多い集団であるが，これは，彼らの生活習慣が欧米化したことに加えて，航海による長距離拡散の過程で，倹約的な遺伝型を獲得したことが原因である可能性が指摘されていた。*CREBRF* 遺伝子の発見は倹約遺伝子が存在することの証拠のひとつといえよう[7]。

1.2.6　エピジェネティクスの可能性

　ここまでで，ヒトの形質の多様化に果たした正の自然選択の役割について実際の例を挙げて説明した。しかし，正の自然選択はしばしば起こる現象ではない上，有利な形質が集団中に広まっていくには数千年から数万年の年月が必要である。にもかかわらず，ヒトがアフリカを出発して新たな環境に進出したのはたかだか数万年前の出来事であり，太平洋地域に至っては数千年前に到達し

たに過ぎない。既に述べたように，今日のヒトに見られる形質の多様性が，正の自然選択のみによって形成されたとは考え難い。また，各個人が持つゲノムの情報は生涯変化することはないので，生理人類学で重要視される馴化などの現象を説明することができない。遺伝学を中心に概説した本項の締めくくりに，形質の多様性や可塑性の基盤を明らかにする周辺研究分野であるエピジェネティクス（epigenetics）を紹介したい。エピジェネティクスは，DNAの塩基配列の変化を伴わない遺伝現象，あるいはDNAやヒストンタンパク質の化学修飾による遺伝子発現の変化に関する研究分野である。エピジェネティクスの基盤となる修飾メカニズムには，DNAメチル化とヒストンタンパク質の修飾がある。DNAメチル化は主にゲノム中のシトシンとグアニンが並んだ配列（CpG配列）のシトシン残基に起きる。CpG配列はゲノム中で不均一に分布しており，遺伝子の転写調節領域に特に密集して存在していることが知られている。盛んに転写されている遺伝子のプロモーター周辺では，CpG配列のメチル化の程度は低いが，メチル化の亢進がクロマチン構造の凝集を招き，転写因子などのタンパク質のDNAへの結合が妨げられる。ヒストンタンパク質の修飾もクロマチン構造を変化させることにより，遺伝子の転写を制御している。生理人類学におけるエピジェネティクス研究は緒についたばかりであるが，いくつかの興味深い報告がある。Parveen Bhattiらは，65名の日中交替勤務者と59名の夜間交替勤務者で白血球由来DNAのゲノムワイドなDNAメチル化パターンを比較し，免疫系の遺伝子群で特にDNAメチル化レベルの差が大きいことを報告している[8]。Johathan Cedernaesらは，15名の健常な被検者で一晩の不眠によって組織特異的なメチル化レベルの変化が起きることを明らかにしている[9]。Cedernaesらの研究は，一晩の不眠という比較的短い刺激であってもエピジェネティクス状態の変化がもたらされることを示唆しており，非常に興味深い。また，DNAメチル化部位の中には，子の体細胞でのメチル化パターンが親の体細胞でのDNAメチル化パターンを受け継いでいるようにみえるmeta-stable epiallele領域が存在する。Peter Kühnenらはエネルギー代謝制御に重要な役割を果たすプロオピオメラノコルチン遺伝子周辺のCpG群がmeta-stable epiallele となっており，子の体細胞での DNA メチル化レベルが，父親の体細胞での DNA メチル化量と強く相関することを報告している。さらに，子の体細胞での DNA メチル化レベルは，受胎時の母体における S-アデノシルホモシステインなどの one-carbon metabolites 量とも相関することを報告している[10]。これは，エピジェネティック修飾が世代を超えて継承されるうることを示唆しており，ヒトの形質の急速な進化を説明しうる機構のひとつとして大変興味深い。

引用・参考文献

1 ）The 1000 Genomes Project Consortium：A global reference for human genetic variation. Nature, 526:68-74, 2015.

2 ）Kong A, Frigge ML, Masson G, Besenbacher S, Sulem P, Magnusson G, Gudjonsson SA, Sigurdsson A, Jonasdottir A, Jonasdottir A, Wong WS, Sigurdsson G, Walters GB, Steinberg S, Helgason H, Thorleifsson G, Gudbjartsson DF, Helgason A, Magnusson OT, Thorsteinsdottir U, Stefansson K.：Rate of de novo mutations and the importance of father's age to disease risk, Nature, 488:471-475, 2012.

3 ）Schiffels S, Durbin R.：Inferring human population size and separation history from multiple genome sequences, Nat Genet, 46:919-925, 2014.

4 ）Prado-Martinez J, Sudmant PH, Kidd JM, Li H, Kelley JL, Lorente-Galdos B, Veeramah KR, Woerner AE, O'Connor TD, Santpere G et al.：Great ape genetic diversity and population history, Nature, 499:471-475, 2013.

5 ）Itan Y, Powell A, Beaumont MA, Burger J, Thomas MG.：The origins of lactase persistence in Europe, PLoS Comput Biol, 5:e1000491, 2009.

6 ）Tishkoff SA, Reed FA, Ranciaro A, Voight BF, Babbitt CC, Silverman JS, Powell K, Mortensen HM, Hirbo JB, Osman M, et al.：Convergent adaptation of human lactase persistence in Africa and Europe, Nat Genet, 39:31-40, 2007.

7 ）Minster RL, Hawley NL, Su CT, Sun G, Kershaw EE, Cheng H, Buhule OD, Lin J, Reupena MS, Viali S, et al.：A thrifty variant in CREBRF strongly influences body mass index in Samoans, Nat Genet, 48:1049-1054, 2016.

8 ）Bhatti P, Zhang Y, Song X, Makar KW, Sather CL, Kelsey KT, Houseman EA, Wang P.：Nightshift work and genome-wide DNA methylation, Chronobiol Int, 32:103-112, 2015.

9）Cedernaes J, Schönke M, Westholm JO, Mi J, Chibalin A, Voisin S, Osler M, Vogel H, Hörnaeus K, Dickson SL, Lind SB, Bergquist J, Schiöth HB, Zierath JR, Benedict C.：Acute sleep loss results in tissue-specific alterations in genome-wide DNA methylation state and metabolic fuel utilization in humans, Sci Adv, 4：eaar 8590, 2018.

10）Kühnen P, Handke D, Waterland RA, Hennig BJ, Silver M, Fulford AJ, Dominguez-Salas P, Moore SE, Prentice AM, Spranger J, Hinney A, Hebebrand J, Heppner FL, Walzer L, Grötzinger C, Gromoll J, Wiegand S, Grüters A, Krude H.：Interindividual Variation in DNA Methylation at a Putative POMC Metastable Epiallele Is Associated with Obesity, Cell Metab, 24：502-509, 2016.

11）Graur D, Li：FUNDAMENTALS OF MOLECULAR EVOLUTION Second edition, Sinauer Associates, Inc., p. 56. 2000.

1.3　環境適応とその多様性

> □キーワード
>
> 集団適応，個体適応，遺伝子発現，直立姿勢，腰痛，直立耐性，エピジェネティクス，馴化，全身的協関，発達適応

1.3.1　適応とは

　生物の多様性の背景には，さまざまな進化の中から適応できたもののみが生存できるという過程がある。従って適応の前に進化の理解が必要である。進化とは，一言でいえば，生物個体群の形質（形態や機能や行動などの性質や特徴）が世代交代を経る中で変化していく現象である。その変化は前節で説明の通り遺伝的な変化に基づく。そういった遺伝的変化は基本的にランダムに生じるので，それに付随して生じるさまざまな形質を持つ生物の中から生息環境に馴染んだものが生き残る。ここで"馴染む"とは生存できて子孫を残すことであり，これが適応の基本的考えである。従って，適応するためには，まず生存能力が必須であり，その上で繁殖能力が必要となる。さらにこれら二者を効果的に実現するための行動や諸機能の効率的応答性やストレスへの耐性も重要な

評価の対象となる。

　生理人類学では，適応を 2 つにわけて定義する。ひとつは長い世代交代の中で生じる遺伝的適応あるいは集団適応であり，ひとつは一世代の中で生じる個体適応である。

1.3.2　集団適応

　もしある個体の遺伝的変異によって生じた形質的特徴がその個体群の中で生存と繁殖に有利であれば，その特徴的な形質を反映する遺伝子の頻度は集団内でより高くなり，高い適応度を示す。これを集団適応（population adaptation）もしくは遺伝的適応という。これは Charles Robert Darwin（1809–1882）のいう自然選択（自然淘汰）である。自然選択される形質は環境の条件が変われば異なる。広い世界にはさまざまな環境があり，従ってそれぞれの環境に求められる有利な形質は異なることから多様な生物があらわれることになる。

　ヒト集団内に見られる代表的な自然選択の例として，鎌状赤血球がある。これは正常な赤血球より酸素運搬に不利となり，この鎌状赤血球遺伝子をホモ接合体で持つものは生存が難しい。しかしヘテロで持つものは特にマラリアが蔓延する地域ではこの遺伝子の非保有者より生存に有利とされる。マラリア原虫は赤血球内で増殖するが，鎌状化した赤血球ではマラリアに耐性を持つためである。

　高い適応度を示す自然選択に対して，中には生じた遺伝的変異が適応度にあまり影響しないものもある。この場合，この遺伝的変異による形質はランダムに現れるが，選択の網にかかるわけではない。これは遺伝的浮動と呼ばれる。血液型もその一例である。基本的に A，B，O，AB の 4 型があるが，いずれも生存率や繁殖率とは独立している。しかしこの 4 型の分布は地域によって異なる。アメリカ先住民では圧倒的に O 型が多い。これはびん首効果と呼ばれている。最初のアメリカ先住民が氷期のベーリング海峡を横断したとき，この集団の血液型分布が祖集団の分布を反映せず，偶然に高い O 型の頻度を持っていたため，これが遺伝的浮動を促進したと考えられている。

⑴　集団適応の課題

　人類が適応してきた環境は現在の環境ではないことに，生理人類学では注目している。集団適応は長い世代交代を経て生じている。ホモ・サピエンス・サピエンスとしては約20万年，さらにヒト属のホモ・ハビリスからすると約240万年という時間のスケールがあるが，その中で大半を占めているのは狩猟採集の時代である。従って私たちの祖先は，厳しい環境に有利に生存・繁殖できるように適応してきたはずである。にもかかわらず現在は全く異なる環境をつくりあげてしまっている。そこにはホモ・サピエンス・サピエンスが高い知能を獲得したために自ら勝手に都合のいいように環境を変えたという皮肉がある。この適応した過去の環境と現在の環境とのギャップがどの程度現代のヒトの適応性に影響しているのか，客観的な資料は不十分であり，生理人類学がここに注目する理由がある。このような視点が置き去りにされ，人間の欲望のままに技術革新がますます勝手に進んでいる現状を危惧している。過去と現在の環境のギャップによる遺伝子頻度への影響は不明であるが，懸念される課題が多く埋没しているのは確かである。

⒜　直立姿勢への適応と課題

　他の生物には見られないヒトの主たるアイデンティティは**直立姿勢**である。この直立を実現したことが，長距離歩行，脳の拡大，発話，手の身体移動からの解放とそれによる運搬や道具の作成，口裂の狭小化など多くのヒトの人たる特徴が生み出された。この直立姿勢を可能にするひとつの要因に脊柱のS字の湾曲がある。現代の文明化された環境では，狩猟採集時代のような長距離歩行は求められず，座りがちな生活になっている。

１）椅子とヒールの課題

　椅子に座ると脊柱のS字のうち腰部の前湾が消失してフラットになる（**図1.4 A　B**）。座ると骨盤が後ろへ回転するのが原因（**図1.4 C**）であるが，**図1.4**（**椅座位**）のように腰部前湾の消失は，湾曲時（立位）の椎間板の厚みのある部分を上下から圧迫することになり，椎間板に不均一な負荷をかける。さらに腰部には上半身の自重も加わり，結果的に直立時の1.5倍の負荷がかか

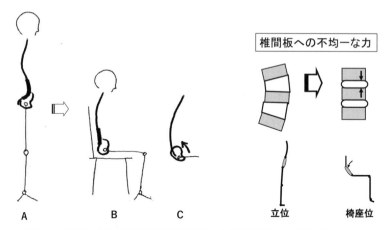

図1.4　椅座位における腰部前湾の消失と腰部椎間板への不均一な力

　る。現在のオフィスワークのように長時間椅座姿勢が長期間継続されると椎間
板ヘルニアのような**腰痛**を引き起こす可能性が高くなる。そもそもヒトは座る
姿勢に適応していない。たとえ"疲れないオフィスチェア"と名売ったイスで
も，長時間の椅座は避けるべきである。ただ個人差がある。それは腰部湾曲を
消失させる骨盤の回転度の個人差である。この回転は大腿部の前面と後面の二
関節性筋（この場合，起始と停止が股関節と膝関節をまたぐ筋）の張力バラン
スに基づく。座ると立位時より大腿部後面の筋張力が前面の筋より強くなるた
め骨盤は後方へ回転する。筋の長さや柔軟性に個人差があれば，この骨盤の回
転にも個人差が生じる。一般に柔軟性の高いものは同じ椅座姿勢でも回転の度
合いが小さくなることが考えられ，従ってストレッチなどで日頃から柔軟性を
高めておくことを勧める。また柔軟性とは別に，座面を高くしたり，下肢を座
面下の空間に潜り込ませると大腿後面の筋が緩み，これが骨盤の回転を小さく
するので，腰部への負担も減る。
　女性のハイヒールは，椅座とは逆に腰部湾曲を強くすることが腰痛の原因と
いわれている。これは大腿部前面の筋緊張がより強くなり骨盤が前方へ回転す
るためで，従ってヒールが高いほど腰部への負担は増える。これも大腿前面筋

の柔軟性が高いものほどヒール着用時の腰部負担は減る。個人によって，あるいは日常の活動様式によって腰痛の許容限界となるヒール高が異なることになる。

２）直立耐性の課題

立位では，下方から心臓に戻る血液は重力に逆らうことになる。従って寝た姿勢から立位になると心拍数が増え，また下半身の末梢血管が収縮して血液を上方へ押し上げようとする。カラダには，このように血圧を一定に維持する血圧調節が反射的に働く仕組みが備わっている。この調節能力を起立性調節耐性もしくは**直立耐性**（**orthostatic tolerance**）という。この調節がうまく行かないと起立性低血圧（貧血）になり，立ちくらみやめまいが生じる。

宇宙ステーションの微小重力下に滞在し，地球に帰還するとすぐには立ち上がることができない。それは宇宙滞在中に地上の１Gに適応していた血圧調節能力が微小重力下では低下し，その状態で地上に帰還すると貧血を引き起こすためである。ここまで極端でなくても，通常座りがちな生活の人では，血圧調節能力，すなわち直立耐性が低下する傾向にある。我々の研究では，日頃座りがちの被験者群に12週間の有酸素トレーニングを実施すると直立耐性の改善がみられた[1]。貧血になりやすい人は，ある程度の運動を試みることを勧める。

移動型の狩猟採集生活から定住型の農耕生活に入ると，骨にかかるストレス減少から骨密度は大きく低下したことが化石標本から知られている。しかしそれでも，現代人に比べればまだ高い値だったという。ゲームに夢中になり，外で走り回る子どもたちの減少が気にかかる。直立と二足歩行は私たちヒトの基本的機能である。

1.3.3　個体適応

個体適応（individual adaptation）とは一世代における環境への適応のことである。ここでいう適応は，集団適応のように過去から現代までの時間軸の中で生じる個体群の遺伝子変化を背景とするものではない。個体内の同じ塩基配列の中で生じる**遺伝子発現**（**gene expression**）制御を通して，行動や諸機能の応

表1.1　個体適応の評価[2]

評価に重要な項目
ストレスに対する応答性が，以下の項目において有益，もしくは潜在的に有益であること

繁殖上の有益性，繁殖後の生存性
健康 --- 罹病率，死亡率，病気への抵抗性
栄養 --- 必要な栄養条件，摂取条件，効率性
神経系 --- 感覚，運動，神経機能
成長と発達 --- 身体と精神の向上率と達成度
抵抗性と交叉耐性 --- 全体的なストレスへの抵抗性
身体能力 --- 身体的運動性，運動の巧妙性
感情機能 --- 幸福度，耐性，性的資質
知的能力 --- 学習能力，表現能力

答性やストレス耐性を向上させるものについて総じてここでは個体適応という。アメリカの人類学者 Richard B. Mazess によると対象となる適応の評価項目は，おおよそ**表1.1**のようになる[2]。個体適応には，誕生から死に至るまでの時間軸があり，この軸に沿って生活環境も変わり，個体適応の態様も変わってくる。いずれにしても個体適応では，基本的に個体内で固定された DNA と環境との相互作用の中で遺伝子のオン・オフや遺伝子発現制御の有り様が関わり，それによって変化する形質が注目される。このように DNA そのものの変化によらない遺伝子発現を制御・伝達するシステム，およびそれらによって生じる表現型の変化を研究する学問を**エピジェネティクス（epigenetics）**という。生理人類学における個体適応では，このエピジェネティクスな考えを背景として研究する。

⑴　一生における個体適応

⒜　胎児の個体適応

　胎児にとっての環境は母親の子宮である。言い換えると，母親の行動が胎児の環境に影響を与え，胎児の遺伝子発現制御に作用する。近年，日本における

の出生時体重の減少が指摘されている。妊娠中の食事制限が原因のひとつといわれる。胎児への栄養供給不足は出生後の食環境が十分でないという刺激となり，胎児は将来を見越してインスリンに対する抵抗性を上げようとする。つまり，低栄養で血糖値が下がるのを防ぐためにインスリンの分泌量を減じたり，その効き目を鈍くして，脳へのエネルギー配分を優先しつつ限られた栄養環境下でも生きていけるような仕組みができる。このように，誕生後の将来環境を見越して事前に適応状態を備えることを予測適応という。生後，実際に食糧不足の環境であれば出生時の低体重は適応的といえる。しかし誕生後が飽食の環境であれば，予測とのミスマッチが生じる。このような乳児が成長したときはⅡ型糖尿病やがんなどの疾患を招きやすいことが，第二次世界大戦後のオランダの子どもたちの研究から指摘されている[3]。

　母親の生活リズムも重要である。ヒトの概日リズム（3.2を参照）を規定する視交叉上核（suprachiasmatic nucleus：SCN）が機能し始めるのは約32週齢の胎児のときである。この胎児の概日リズムは母親の概日リズムに同期する。もし母親が朝寝坊で夜遅くまで活動する夜型であれば，胎児もこれに同期する。母親は食事や睡眠といった生活の行動全般において幼い赤ちゃんを健全に守る責任がある。

　秋に生まれるハタネズミの赤ちゃんは寒い冬に備えて厚い毛皮を持ち，春に生まれるときは薄い毛皮を持って生まれる。日照時間の季節変化を示す母ネズミのメラトニン分泌パターンが有用な予測適応の刺激となるらしい。野生動物の予測適応にはミスマッチがない。

(b)　成長・発達期の個体適応

　生きる上で厳しい環境であればあるほど，予測適応だけでなく，誕生後の成長過程でも，居住地の環境ストレスをより効果的に軽減する備えを繁殖可能期までに形成しておくことが重要である。

　代表的な例として，高地住民の残気量の増大が挙げられる。残気量とは，息を吐ききってもなお残る肺の残量である。肺胞から血液へ酸素が拡散（移動）する上で残気量が大きいことは有利と考えられている。南米ボリビアのラパス

(La Paz) は3,750 m の高地である。ここに住み着いている住人の残気量は平地住民より大きいことが知られている[4]。平地住民が成長後に同じ高地に来て長期滞在してもこの差は縮まらない。しかし成長・発達期以前に高地に滞在して成長を続けると高地住民と同様の大きな残気量を示す。このような適応を**発達適応（developmental adaptation）**という。恐らく高地における発達適応には，残気量だけでなく，ヘモグロビンの酸素との親和性や解離性，毛細血管網の密度など酸素運搬能に関わる一連の刺激―応答性を高める仕組みも備わる。ここにも遺伝子発現が絡むエピジェネティックスな適応が注目されている。

　汗の研究で世界的に有名な久野寧（くの やす：1882-1977）によると，誕生時の汗腺数は約200万から500万の範囲であるが，実際に汗を分泌する機能を持つ能動汗腺の数は全汗腺数の20〜60％という。この能動汗腺数はフィリピン人であれば約280万，日本人であれば約230万を示す。日本人の成人がフィリピンで長期滞在してもこの差は不変であるが，フィリピンで誕生し育つ日本人の赤ちゃんは現地のフィリピン人の水準になる。能動汗腺の数は生後2年から3年の間に決定される。つまり，民族に関係なく誕生後生育する地域の温熱条件にいち早く適応できるような仕組みが形成される。これも発達適応的でありかつ非可塑的な現象といえる。

　予測適応や発達適応は繁殖年齢に達する前にいち早く生育地の環境に適応し種の保存を図る合理的な仕組みといえるが，人間にとっては必ずしもそうはいかない。生後2，3年で決定される能動汗腺数の場合，エアコンの快適な部屋で育つ赤ちゃんは，たとえフィリピン人でも数は小さくなるだろう。将来どこで影響するかわからないが，暑熱耐性の減退が危惧される。

(c)　成人期の個体適応

　成人期では，予測適応や発達適応のような特徴的な適応の仕組みはないが，

　成長・発達過程も含めて，さまざまな環境ストレスに対して恒常性を維持したり耐性を高める柔軟で可塑的な刺激―応答性の制御が行われている。ここでは，実験資料が豊富な温熱に対する成人期の馴化の知見や課題について紹介する。生理人類学における馴化とは，暗順応などの比較的短時間で生じる順応と

は区別し，長時間かけて環境ストレスを補償するような刺激―応答性の変化について いう。また実験的に特定のストレス要因を変化させて生じる**馴化（acclimation）**と，季節変化や地域の実環境に存在するもろもろのストレス要因の総体に対して生じる**馴化（acclimatization）**とを区別している。

　地球にはさまざまな気候や地理的環境があり，それぞれに求められる適応方法も異なる。

1）刺激―応答性における評価

　個体適応を検討するときは，刺激―応答性をどのように評価するかが重要である。刺激―応答性には刺激入力があり，それに対する遺伝子発現レベルの反応から神経系・内分泌系の伝達系を経由して，例えば心拍数や血圧が上がるなどの応答（反応）に至る。ここで刺激入力が温度であれば，血管調節や発汗などの複数の反応が生じ，これらが体温の恒常性を維持するために協調的に制御される。このような恒常性維持のための諸機能の協調的な働きを**全身的協関（whole body coordination）**反応という。

2）体温調節の全身的協関反応

　体温調節反応の基本は，からだから熱が失われる放熱とからだの内部で生じる産熱のバランスで，両者が等しいときに体温は一定に維持される（**図1.5**）。寒いときは断熱性を高めて放熱を抑制し，それでも不足のときは震えなどで産熱を高める。暑いときは放熱を促進する。断熱性は皮膚表層を走る血管の収縮（放熱抑制）と拡張（放熱促進）で調節され，産熱は既存の貯熱に代謝調節された熱が加わる。また暑いときは発汗によってさらに放熱は促進される。このように体温調節における刺激―応答性の概要については，皮膚血管調節，代謝，発汗などの諸反応が協調的に働くことによって全身的協関反応が達せられる。

3）全身的協関反応の多様性

　体温調節における諸反応の全身的協関反応は，経常的に曝される温熱を中心とした環境条件によって異なる。北米のイヌイットの人たちは，寒冷下では積極的に熱産生を高めて体温を維持しようとする。これは狩猟による動物性の脂

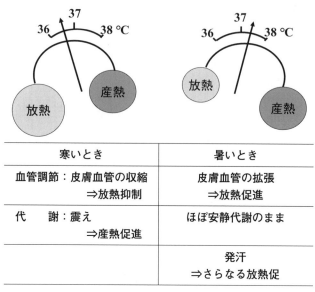

寒いとき	暑いとき
血管調節：皮膚血管の収縮 ⇒放熱抑制	皮膚血管の拡張 ⇒放熱促進
代　　謝：震え ⇒産熱促進	ほぼ安静代謝のまま
	発汗 ⇒さらなる放熱促

図1.5　体温調節の基本的考え方

肪やタンパク質の高摂取が可能な環境が影響している。一方アンデス高地寒冷下に居住するケチャ族は，十分な栄養環境ではないため，ある程度深部体温の低下を許容しつつエネルギー消費を節約するように適応している。これは同じ寒冷環境への適応でも，温熱以外の環境条件の違いが適応方法の多様性を形成する例である。

　暑熱環境下では，一般的に発汗開始時間が遅い方が暑熱への高い耐性を示す。温暖な地域に居住する日本人に比べると熱帯地方のマレーシア人の方が発汗開始は遅い。しかし同じマレーシア人でも日本に長期滞在すると，発汗開始時間が早まり日本人の値に近くなる[5]。このように，暑熱適応したものでも，温暖な条件に長期曝されると新たな温熱環境に適応しようとして可逆的に変化する。体温調節に見られる温熱適応には，血管調節，代謝，発汗のそれぞれにも種々の要素が関わり，また体温を維持する水準や発汗開始に至る体温が異なるなど複雑な協関の系を示し，これらの反応様式の違いを種々の角度から検討す

る必要性が残されている。温熱への適応の詳細については2.2を参照されたい。

　このように温熱環境に対する適応様式は，異なる地域の集団間でも違い，同一個体内でも遭遇するストレスの頻度や強度が変化すれば可逆的に変化する。結果的に地域や環境条件の変化によって多様な個体適応を示すことになるが，この成人期の多様性には，個人の遺伝的背景，誕生前の予測適応，成長・発達期の発達適応などが反映されていることを留意しておく必要がある。

(d)　老いるということ

　平均寿命は引き続き延長しているが，21世紀に入って100歳を超える人口が急増し2020年では8万人に達している。ホモ・サピエンスがこれまでに経験したことがない長寿社会を迎えている。

　高齢者の適応については，生存と繁殖に有利な遺伝子頻度からみる評価は難しい。しかし子育てやその親たちを支援することによる種の保存への貢献という観点から高齢者の個体適応を評価する意義はあるだろう。

　老いること，つまり老化は**表1.1**に示したような身体諸機能の低下を示す。外部からの刺激に対する感度，刺激の伝達と処理を介した反応の全てにおいて機能は低下する。従って高齢者の個体適応力も劣ってくる。機能面からは，特に筋骨格系の70代後半からの低下が著しくなり，生活の質（quality of life：QOL）を許容範囲内に維持していくための対応を考える必要がある。従って高齢者は個人の状態に応じた日々の運動を心がけることが重要である。

　また筋骨格系を含む諸機能の低下には大きな個人差がある。その主たる原因は行動，つまり行動による日常遭遇するストレスの頻度や強さの個人差である。ここでもこういった個人差に応じた運動を心がける必要がある。

　高齢者の課題は多くあるが，ひとつは心身諸機能の低下を適切に自覚できていないことが挙げられる。このため無理な運動で怪我をしたり，自動車運転時の注意力低下，判断ミス，誤操作などでの事故が絶えない。また科学技術の進展は急速に生活環境の利便性を高めているが，高齢者は新しい技術や変化を避けがちであり，操作方法などに戸惑いがある。いわゆるテクノアダプタビリティへの課題がある（3.8を参照）。

⑵　個体適応と課題

　科学技術の進歩は，地球規模の短時間移動を可能にした。このことによって生育地や居住地域の環境にせっかく適応していても，異なる環境へ移動すれば再適応の能力が問われることになる。地球を東西に移動すれば時刻が変わり，南北に移動すれば日照時間や温熱条件が変わる。この場合，東西移動については概日リズムの調節，南北移動では体温の調節能力が問われることになる。

　また移動とは別に私たちが生活する人工環境において，温熱や光という物理的環境要因はほぼ快適な条件に制御されている。そこには四季や日内の変化，熱帯と寒冷の地域間のストレス刺激の違いも小さくなっている。時季や地域を問わない快適な居住環境は，私たちの温熱や光への適応能力やその多様性を小さくしていることが懸念されている。2011年の東日本大震災時のように文明資源が一斉に消失するような場合では，まさに文明人の減退した適応能力が問われる。また昼夜の一定の照明条件は概日リズムや睡眠に影響し，快適なエアコンによる冷え性や屋内外の出入りによるヒートショックへの対応など課題は多い。

1.3.4　集団適応と個体適応の関係

　生理人類学における適応の対象として集団適応と個体適応について解説してきた。両者の違いは，時間軸が多世代か一世代かの違いであり，前者は選択や偶然性による遺伝子頻度の変化，後者はエピジェネティクスを基盤とした刺激—応答性の変化に注目する点である。従って，個体適応には先祖から受け継いできた遺伝的特徴と，それを踏まえた刺激—応答性が反映される。また，刺激—応答性の変化は，個人が日常の行動を介して遭遇するストレスの頻度や強さに依存する可塑的なものである。一方予測適応や発達適応についてはひとたび形成されると可塑性は小さいと思われ，従ってこの時期における適応の対象となる環境に留意する必要がある。

　図1.6は，先祖から引き継いできた遺伝的特徴と個人の一世代における表現型の変化について，時間軸上のそれぞれの環境との間で生じる遺伝子発現作用

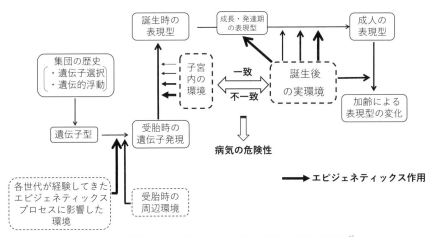

図1.6　世代間と一世代における遺伝子発現作用の流れ[6]

の流れを示したものである[6]。個人が持つ遺伝子型は，自分たちの先祖集団が遺伝的選択や遺伝的浮動を通して辿り着いたものであり，受胎直後に生じる遺伝子発現については，先祖達が経験してきた環境からどのような遺伝子発現の作用を受けてきたかということが世代間で受け継がれ，同時に受胎時周辺環境からも発現への作用を受ける。その後子宮内環境，あるいは母親の行動が胎児に刺激を与えて種々の発現作用が生じ誕生後の表現型に至る。この間，予測適応が行われる。その後も発達・成長から老化に至るまで環境からの種々の刺激が遺伝子発現に作用しつつ表現型に影響を及ぼす。老化への加齢現象や病気についてはDNAのメチル化や脱メチル化による影響が大きく，その点では内因性の変化ともいえ，また子宮内環境と現実環境とのミスマッチが惹起する病気を含めた表現型への影響は外因性といえる。

　このように個体適応には，先祖の遺伝的特徴を引き継ぎ，その上で個人の成人期以降の刺激—応答性にはそれまでの予測適応や発達適応を基盤としたものが反映される。従って，集団適応と個体適応の両者を踏まえた適応を検討していくことが重要である。

引用・参考文献

1) 青木幹太, 石橋圭太, 前田享史, 樋口和重, 安河内朗 : 12週間の有酸素運動が運動習慣
のない若年者の暑熱環境下の起立性循環調節反応に及ぼす影響, 日本生理人類学誌,
13(1):27-38, 2008.

2) Mazess, RB. : Biological Adaptation Aptitudes and Acclimatiation. in Watts, ES., John-
ston, FE., and Lasker, GW. Biosocial Interrelations in Population Adaptation. The
Hague: Mouton Publishers, 1975.

3) Ross, S. A., Milner. J. A. : Epigenetic modulation and cancer: effect of metabolic
syndrome, Am. J. Clin. Nutr, 86:872S-877S, 2007.

4) Frisansho, A. R., Frisancho. H. G., M. Milotich, R. Albalak, H. Spielvogel, M.
Villena, E. Vargas, R. Soria. Developmental, genetic and environmental components of
lung volumes at high altitude, Am. J. Hum. Biol, 9 :191-204, 1997.

5) Saat, M. I., R. G. Sirisinghe, R. Singh et al. : Effects of short-term exercise in the
heat on thermoregulation, blood parameters, sweat secretion and sweat composition of tropi-
cal-dwelling subjects, J. Physiol. Anthropol. Appl. Human Sci, 24:541-549, 2005.

6) Gluckman, P. D., M. Hanson. : Echoes of the past: Evolution, development, health
and disease, Discov. Med, 4 :401-407, 2004.

Chapter 2

ヒトの物理的環境への
適応の特徴と課題

2.0　ヒトの物理的環境への適応の特徴と課題

　高い山へ登れば息が切れる。気温が40度を超えたり氷点を下回れば平常でいられない。宇宙ステーションに長期滞在すれば筋肉は衰え，骨はもろくなる。夜でも明るい部屋で過ごしたいが，それが過ぎればカラダのリズムが狂う。いつでもどこでも楽しめるオーディオプレーヤーは便利だが，難聴の若者が増えている。普段の生活で私たちが正常でいられるとき，それは酸素濃度，温度，重力，光，音などの物理的環境に適応しているからである。

　一般に生物の適応の対象は，物理的環境要因の他に，餌となる生物や捕食者などとの関係を示す生態的な条件，また病気，景観などがある。しかし物理的環境要因への適応に対しては，その生物のカタチや機能の根本的な変化が求められる。水中から陸上へ適応した生物は，鰭（ヒレ）から手足（四肢）へ，鰓（エラ）呼吸から肺呼吸へとカタチや機能を大きく変えた。しかし，このような変化のために生物は新たな材料を必要とせず，既存の材料を活用する。いわば巧妙なリサイクルを成し遂げる。水中から陸上への移行では，もともとあった浮袋を肺へ変換した。また，鰓や顎の骨の一部を活用して空気振動を効果的に捉える耳小骨へと変換したり，卵に卵殻と羊膜・漿膜を併せ持つことで胎児を保護すると同時に昔の水環境を再現した。このような芸当を可能にするのは，ウィルスからヒトまでDNAを構成する塩基が同じであり，また塩基の並び（コドン）からなるカラダを作る基本情報が共有されているからである。従って，私たち人類の一部が将来さまざまな宇宙環境で世代を超えて長期的に生きるなら，重力などの異なる物理的環境条件に応じたカタチや機能が進化の過程で選択されていく。そこではさまざまな特徴をもった宇宙人が出現することだろう。

　本節では，我々人類の祖先がいかにして物理的環境に適応し，その結果ヒトとしてのカタチや機能のオリジナリティをいかに形成してきたか。また私たちの先祖が適応したはずの環境と大きく異なる人工環境にいる現代人は，適応で

きているのか，それが良い状態なのか悪いもしくは潜在的な悪さの中におかれているのかを考えていく。本章では，科学技術が先にありきではなく，ヒトの理解を踏まえた技術の使い方が重要であるという視点が再認識されれば幸いである。

2.1 重力への適応

┌─ □キーワード ─────────────────────
│
│ 呼吸性洞性不整脈，前適応，立ちくらみ，直立二足歩行
│
└────────────────────────────────

2.1.1 物理的環境要因としての重力の特徴

地球上の生物は，1g（＝9.80665m/s²）という重力に曝されている。地域差はほとんどなく，低緯度地域では地球の自転による遠心力のため高緯度地域と比較して重力が約0.5%小さくなる程度である[1]。重力は温熱，光，および気圧などと比較して，地球上の物理的環境要因の中で最も均一性の高い環境要因であるといえる。人類は進化の過程で，アフリカ大陸から世界中に生息域を広げ，寒冷地域や乾燥地域，さらには高地にも適応した集団もいたが，重力は，どの集団にとっても，必ず適応しなければならない物理的環境要因であったといえる。

2.1.2 陸上への進出と前適応

生物が重力に適応する必要が生じたのは，水中から陸上へ進出した，デボン期（4億2000万年前から3億5000万年前）にさかのぼる。当時の生物は哺乳類ですらなく，硬骨魚類の中の肉鰭類（sarcopterygii）に分類される脊椎動物であった。骨格を持たないクラゲが陸上でその体型を保つことができないように，それまでの浮力に支えられた水中での生活から陸上へ進出するためには，

重力に抗して身体を支えるための骨格が必要であった。この点において硬骨魚類に含まれる肉鰭類は，既に脊椎という骨格を有しており，さらに，我々の四肢に繋がるような特殊な鰭を獲得したことから，這うような移動ではあったが，陸上へ進出することができたとされている[2]。

　一方で，陸上では鰓呼吸が機能しないため，骨格のみならず，肺呼吸の獲得も必要とされた。肺呼吸の獲得は，陸上への進出と同時ではなく，陸上への進出よりも先に，肉鰭類と条鰭類（actinopterygii）に分かれる前の段階で，鰾という形で獲得していたことが知られている。鰾は毛細血管を介した原始的なガス交換が可能であり，このことが肺呼吸の獲得に繋がっている。このような現象を**前適応**（**preadaptation**）と呼び，水生動物であった頃に，既に重力に抗して身体を支えるためにも用いられる骨格を有していたことで陸上への進出が容易であったこともこれにあたる。なお，前適応には，ある意図に従って前もって準備しておくという意味はなく，時間的な前後関係のみを指す。この点において前適応ではなく外適応という表現を用いることもある。

　水中で重力に抗して身体を支えるための骨格の獲得は，それを有しない水生動物がいることから，必須ではなかったが，生理的に必要なリンを，リン酸カルシウムという形で体内に貯蔵するために有効であった。この物質を骨格として身体を支え保護するために用いたことで，結果的に陸上への進出を容易にした。同様に，水中での肺呼吸の獲得は，それを有しない水生動物がいることから，必須ではなかったが，不足する酸素への適応であった可能性が高い。これは水生動物でありながら肺呼吸を行うウミガメやクジラがいる一方で，陸生動物でありながら水中で鰓呼吸をする生物が存在しないことからも肺呼吸の有効性が示唆される。アカウミガメは 1 時間に 1 回の呼吸で生体を維持することができ，肺呼吸の有効性が示されている。また水中の酸素濃度は大気中と比較して変動が大きく，沼地だけではなく，海洋でも，濁流の流入によりデッドゾーンと呼ばれる，低酸素状態になることがある[3]。陸上への進出は生物にとって極めて困難な跳躍であったことは想像に難くないが，無謀な挑戦というわけではなく，このような前適応を経てなされたことが分かる。我々の祖先は，この

ようなプロセスを経て，水中から陸上へ進出し，重力に曝されるようになった。

2.1.3 陸上への進出から直立二足歩行の獲得

水中から陸上に進出した古代生物でよく知られているものに，ティクターリク（*Tiktaalik*）が挙げられる。魚類にはない頚（ケイ）と肩があり，浅瀬では頭部だけを水面から出して酸素を取り込むことができたとされ，さらには，前の鰭の骨には，現代の両生類，爬虫類，哺乳類に共通する，上腕骨，橈骨，尺骨，それに手首を構成する小さな骨もあった[2]。腕立て伏せのできる魚として知られているティクターリクは，水辺を這って移動することができた可能性は高いが，一方で，陸上を長距離移動することは難しかったことが想像される。

重力に対する適応という点で，重力に曝されながら効率の良い移動を行うことは，効率よく食料を採取するためだけでなく，捕食者から逃れるためにも重要である。両生類，爬虫類，鳥類，哺乳類を総称して四肢類（tetrapoda）と呼ぶが，これら四肢類の脚の形状は同一ではない。両生類から哺乳類に至る進化の過程で，脚部が体幹の側部にあった形状から，体幹を下から支える形状となり，よりエネルギー効率の高い洗練された移動が可能となっている。この進化における系統発生の過程は，ヒトの成長の中でも再現されており，腹ばいでの動きから，四つ這いおよび高這いまで四足歩行の系図が見て取れる（**図2.1**）。

他の動物には見られないヒトの特徴として，**直立二足歩行**（**bipedalism**）が挙げられるが，ヒトの乳幼児がそれを習得する以前の四足歩行の段階でも，イヌやウマなどの哺乳類の一般的な足の運びと異なる動作を行うことも知られている。一般的な哺乳類の脚の運びは，右後脚を基点にすると，右後脚，右前脚，左後脚，左前脚の順番となり，ラテラル・シークエンス（後方交叉型歩行）と呼ばれる。それに対して，乳幼児の四つ這いでは，このラテラル・シークエンスに加えて，右後脚，左前脚，左後脚，右前脚の順番となる。ダイアゴナル・シークエンス（前方交叉型歩行）も行う[5]。前方交叉型歩行は樹上生活を行う霊長類に見られる歩行であり[6]，ヒトは乳幼児の四足歩行にあっても霊長類の特徴を有しているといえる。

新生代中新世
中期
（約1400万年前）

新生代暁新世
後期
（約5600万年前）

三畳紀後期〜
ジュラ紀前期
（約2.0億年前〜
約1.7億年前）

三畳紀前期
（約2.2億年前）

ペルム紀
（約2.5億年前）

デボン紀後期
（約3.5億年前）

デボン紀後期
（約3.6億年前）

図2.1　四本足の系図と赤ん坊の動き[4]

　重力に対する適応という点では，重力に曝されながら効率の良い歩行をする
ことは重要であるが，歩行時の重心の動きに対してバランスを取ることも重要
である。ラテラル・シークエンスとダイアゴナル・シークエンスでは歩行中，
着地している三脚で構成される三角形の形が異なることが知られている[7]。後
者は前者と比較して細長い形をしており，重心との相対的な関係から，一見，

不安定のように見えるが，3点のうち1点の足場が突発的に不安定になったときにも対処しやすいのは，ダイアゴナル・シークエンスである。この点において，霊長類に見られる歩行は，樹上生活に適していたと考えられており，捕食者から逃れるために樹上生活をしていた霊長類特有のものである。また，ダイアゴナル・シークエンスは，重心が後脚よりであるときに，有利な歩行であり[7]，後脚で立ち上がるための素地は，霊長類として樹上生活をしていた頃から，そしてヒトの生長の過程では四つ這いをしていた頃から，既に獲得していたといえる。

　ヒトの特徴として，直立二足歩行の他に，大きな脳も挙げられるが，直立二足歩行の獲得と大きな脳の獲得の時間的な前後関係は前者の方が先である[8]。直立二足歩行の直接的な証拠ではないが，直立姿勢を取っていた痕跡は頭蓋骨にあらわれる。頭蓋骨が正面を向いたときに眼窩面が正対することと，頭部と脊椎が繋がる大後頭孔が頭蓋骨底面のほぼ中央に位置することから，直立した姿勢を保持するために脊椎がまっすぐに下に伸びていたのか，四足姿勢を保持するために後ろに伸びていたのかの違いが判明する。600万年前のサヘラントロプス・チャデンシス（*Sahelanthropus tchadensis*）の頭蓋骨は，この点において直立姿勢を取っていたことを示しており[9]，現代のチンパンジーと変わらない脳容量であっても，既に直立二足歩行を行っていたことが示唆される。

2.1.4　直立二足歩行の利点と欠点

　ヒトを直立二足歩行の獲得へ促したのは，地球の寒冷化による森林面積の減少が要因とされている。捕食者から逃れるために樹上生活していた霊長類が，食料を確保するために，木から下りざるを得なくなる状況が直立二足歩行へ導いた要因のひとつと考えられている。この直立二足歩行は，高いエネルギー効率で移動できる利点がある。現代のチンパンジーとヒトの比較では，1mの距離を進むのに必要なエネルギーは，体格の違いを補正しても約4倍の違いがある[8]。これは同じエネルギーを消費してもより広い範囲で食料採取ができることに繋がる。さらには，前肢を移動の手段から開放し，食料の運搬に使える

ようになることも利点になる。より多くの食料を運ぶことができた個体がより多くの子孫を残すことができたとする説である[10]。

これら多くの利点が挙げられる直立二足歩行ではあるが，一方で，ヒト以外の霊長類がこの戦略を取らなかったことからも，多くの不利な点が挙げられる。まず歩行に適した後肢と骨盤は必ずしも木登りには適していない。骨盤からまっすぐ下に伸びる大腿は，片足でバランスを取るためには有効であるが，木登りに必要な特徴ではない。現代のチンパンジーに二足歩行をさせても，腰を落とした状態でバランスを取り，左右にふらついた歩行をせざるを得ないのは，樹上生活に適した後肢と骨盤であるためである。さらに，体重をアーチ状で支える土踏まずを形成する足も歩行には利点があるが，木登りに必要な木を握るという動作を難しくしている。親指を他の指と向き合って動かすことができることを拇指対向性（thumb opposition）と呼ぶが，これは枝を握るのに適した霊長類の特徴である。ヒトの手も拇指対向性を有しているが，足は歩行に適応したため拇指対向性を失っている。ヒトの手と足を入れ換えてみると，土踏まずを形成しない手が歩行に適していないことは，逆立ちをしてみれば容易に気づくことができる。さらには，手のような足であったら木登りがいかに容易になるかも想像できるように，拇指対向性は樹上生活に有利である。約400万年前のアルディピテクス・ラミダス（*Ardipithecus ramidus*）の足は，手のような特徴を残していた。直立二足歩行を獲得する移行期にあって，完全に樹上生活を捨て去ったわけではなかったことが示唆されている[11]。このことは，約400万年前の猿人が，草原にある食物ではなく，森林の食物を多く食べていたことが化石の炭素同位体測定からも明らかになっている[12]。

さらに，直立二足歩行の特徴は骨盤にもあらわれる。アルディピテクス・ラミダスの骨盤は，現代人の骨盤と同様に，扇形で下から内臓を支える形となっている。この形は，妊娠中に胎児を下から支えるためにも重要である。骨格から雌雄の判別をする際に，ヒトの場合は，骨盤の形状の違いが顕著である。これは産道を確保するために，男性と女性で形状が違うためであるが，チンパンジーなど下から内臓を支える必要のない骨盤の場合は，雌雄で骨盤の形状に違

いはない[13]。扇形で下から内臓を支える骨盤の形状は，男性と女性で形状を変えなければならないほど出産に不利な特徴であることも分かる。

　他の霊長類には見られない直立二足歩行には，これらの欠点があるものの，現在まで人類が絶滅せずに生存できたということは，全体的にはこれらの欠点を補うだけの利点があったといえる。

2.1.5　直立二足歩行と大きな脳の獲得

　人類は進化の過程で，直立二足歩行を獲得した後に大きな脳を獲得した。直立姿勢は，頭を下から支えることができるため，横から支える必要がある四足動物よりも脳を大きくできる構造ではあるが，二足の立ち姿勢を取るペンギンの頭が特に大きいということはない。直立姿勢は重力に曝される中で脳を大きくする必要条件であっても十分条件ではない。

　我々の脳が大きくなり始めるのは，約200万年前のホモ属（genus *Homo*）の出現からであり，属レベルで我々と繋がった祖先からである。その頃に狩猟による肉食を始めたことが明らかとなっている。この消化吸収の良い食事を取り入れたことで，小さな腸でも消化吸収が可能となったことが大きな脳の獲得に繋がっている。腸は栄養を吸収するために必要な器官であるが，それ自体が多くのエネルギーを消費する。体格の大きな動物は，腸を大きくすることで，消化吸収の悪い食事でも生存できるが，人類はそうではなく，消化吸収の良い食事を取り入れることで，腸が必要とするエネルギーを脳に振り分けることができた。これは不経済組織仮説（expensive-tissue hypothesis）と呼ばれている[14]。食料と脳の大きさの関連は現代のオランウータンでも示されており，季節的に食料が乏しくなる北東ボルネオにいるオランウータンの亜種（*Pongo pygmaeus morio*）は他の地域の個体よりも脳の容量が小さいことが示されている[15]。脳を大きくすることで，より高度な認知能力を備えることが可能であるが，一方で，エネルギー消費量の多い脳を維持することは，飢餓のリスクにも繋がる。なお，ヒトは腸を短くすることで，相対的に長い脚を獲得することができている。チンパンジーやゴリラと比較すると，長い脚で効率の良い歩行を

行っていることもヒトの特徴である[16]。

2.1.6 ヒトの身体的特徴と重力とのミスマッチ

ヒトの特徴である大きな脳と長い脚は，いずれも，血液循環には不利な要素である。そもそも血液循環において，重力による静水圧の影響は無視できない。高低差で水圧に差が生じるように，血液も高低差があると血圧に差が生じる。血液の静水圧の影響は高さ1 m当たり約74 mmHgである。陸上では，この静水圧による影響を克服して血液を循環させる必要があり水中にいるときよりも心臓への負担が高まる。この心臓への負荷を減弱させる方法として，四肢類に共通する，**呼吸性洞性不整脈**（respiratory sinus arrhythmia：RSA）という生理的現象がある。不整脈と名付けられているが病的なものではなく，呼吸と連動した心拍数の生理的な変動を指す。具体的には，吸気時に心拍数が増加し，呼気時に低下する心拍数の変動である。吸気時には肺に新鮮な空気が入ってくるので，肺胞での効率的なガス交換を促すために心拍数を上昇させ，呼気時には肺胞での効率的なガス交換は期待できないため，心拍数を減らし心臓を休ませる作用を持つ。RSAは心拍数の変動から自律神経活動を評価するときに，副交感神経活動の指標として用いられているが，生物学的には心肺系に固有に備わる休息機能を反映する[17]。興味深いことに，両生類の場合は，変態に伴い陸に上がる際にはRSAを司る神経核の移動も起こる[17]。重力への適応として，陸上への進出には脳を作り変える必要もあったことが伺える。

ヒトの血液循環は，RSAがあったとしても，他の動物より不利な状況に置かれている。ヒトの場合，循環血液量の70%が心臓よりも下にあり，四足動物のイヌの場合は，循環血液量の70%が心臓よりも上にある[18]。しかも静水圧の影響は，直立姿勢においては，足先では心臓よりも血圧が100 mmHg増加するのに対し，脳では血圧が30 mmHg低下する。さらに，長い脚にはそれだけ多くの血液が貯留しやすく，立位時では約500 mlの血液が下半身に移動する[18]。脳は多くのエネルギーを消費するため安静時でも多くの血液供給を必要とする。ヒト以外の霊長類は安静時のエネルギーのうち，8～10%を脳で消費する

のに対し，ヒトは20〜25％を消費する[19]。このためヒトは他の霊長類には見られない特徴として**立ちくらみ**（**orthostatic faint**）をする動物としても知られている[20]。ヒトは立位姿勢を続けることが苦手であり，足を全く動かさずに立ち続けるとより血液が貯留しやすくなるため，この状態では半数の人が30分以内に不調を訴えるというデータがある[21]。さらに，健康な人でも約3割の人が，生涯に一度以上の立ちくらみによる失神を経験するなど[22]，立ちくらみという現象はヒトの生理的な特徴であるといえる。

　重力への適応という点で，立ちくらみという捕食者から狙われやすい不利な特徴であるにもかかわらず，これが淘汰されなかった理由は明らかになっていない。心臓から脳までの高低差が2mもあるキリンの場合，静水圧の影響は150 mmHgにまでおよぶが，大きな心臓と平均血圧200 mmHgの高血圧を保つことで脳への血液供給を保っている[23]。一方で，キリンの寿命は約25年と体重が1tを超える動物としてはかなり短い。ヒトの場合，キリンのような選択はせずに立ちくらみを許容する選択をしたともいえる。

　ヒトの脳が大きくなった要因として狩猟による肉食を始めたことが上げられるが，狩猟採集民の社会の特徴として，血縁を超えて群れで生活し，役割分担を決めて集団で狩りを行い，血縁を超えて食料を分配することができる共助的な社会であることが挙げられる[24]。オランウータンのように孤立して生活するわけではないため，ヒトは立ちくらみしても，その個体が放置されにくい状況であるといえる。また，大きな脳を獲得したということは，脳の大きな乳幼児を育てる必要があるため，母乳の分泌に他の霊長類よりも多くのエネルギーを必要としている[25]。しかも，その量は狩猟採集民のデータでは，乳幼児を抱えた母親が1人で採取できるエネルギー量を超えていることも明らかとなっている[26]。これらのことは，母親が周りのサポートを受けなければ，子どもを育てるという生物の基本的な繁殖行動さえ困難であることを示している。さらに，立位に適した骨盤でありながら，大きな脳を獲得したことで，ヒトは他の動物よりもかなり未熟な状態で脳が大きくなる前に出産する必要がある。これを生理的早産（physiological premature delivery）と呼び，常態化した早産という出

産形態を取る。しかしながら，それでもなお他人の助けを必要とする難産と
なっている[13]。これらのことは，直立二足歩行で大きな脳を有するというヒト
の特徴は，共助的な社会で生活することが前提となっているように考えられる。

2.1.7 おわりに

現代において，高齢者の転倒が寝たきりに直結しやすく，特に立ちくらみを
しやすい高齢者において転倒のリスクが高いことが指摘されている[27]。ヒトの
重力への適応は，共助的な社会で生活することが前提であるならば，高齢者の
寝たきりの予防もまた共助的な枠組みで考える必要があると思われる。

引用・参考文献

1) 国立天文台：理科年表，丸善出版，810. 2014.

2) ニール・シュービン：ヒトのなかの魚，魚のなかのヒト，早川書房. 2008.

3) Rabalais NN, Turner RE, Wiseman WJ: Gulf of Mexico hypoxia, aka "The dead zone". *Annu Rev Ecol Syst*, 33:235-263, 2002.

4) 近藤四郎：ひ弱になる日本人の足，草思社，p37. 1993.

5) 安倍 希美 森下 はるみ，鈴木 敏朗：ヒトの四足歩行の発達的特性：四肢の運び順，前肢と後肢の静止時体重配分比および立脚相比を中心として. バイオメカニズム 1994, 12:125-135.

6) Druelle F, Berthet M, Quintard B: The body center of mass in primates: Is it more caudal than in other quadrupedal mammals? *Am J Phys Anthropol*, 169:170-178, 2019.

7) Cartmill M, Lemelin P, Schmitt D: Primate gaits and primate origins. In: Ravosa, M. J., and Dagosto, M. (eds.), Primate Origins: Adaptations and Evolution. Springer, New York, pp. 403-436. 2006.

8) Anton SC, Potts R, Aiello LC: Evolution of early Homo: An integrated biological perspective. *Science*, 345:1236828, 2014.

9) Zollikofer CPE, de Leon MSP, Lieberman DE, Guy F, Pilbeam D, Likius A, Mackaye HT, Vignaud P, Brunet M: Virtual cranial reconstruction of Sahelanthropus tchadensis. *Nature*, 434:755-759, 2005.

10) Lovejoy CO: Reexamining Human Origins in Light of Ardipithecus ramidus. *Science* 326, 2009.

11) Lovejoy CO, Latimer B, Suwa G, Asfaw B, White TD: Combining Prehension and

Propulsion: The Foot of Ardipithecus ramidus. *Science*, 326, 2009.

12) Cerling TE, Manthi FK, Mbua EN, Leakey LN, Leakey MG, Leakey RE, Brown FH, Grine FE, Hart JA, Kaleme P, et al: Stable isotope-based diet reconstructions of Turkana Basin hominins. *P Natl Acad Sci USA*, 110:10501-10506, 2013.

13) 奈良貴史：ヒトはなぜ難産なのか―お産からみる人類進化, 岩波書店. 2012.

14) Aiello LC, Wheeler P: The Expensive-Tissue Hypothesis - the Brain and the Digestive-System in Human and Primate Evolution. *Curr Anthropol*, 36:199-221, 1995.

15) Taylor AB, van Schaik CP: Variation in brain size and ecology in Pongo. *J Hum Evol*, 52:59-71, 2007.

16) Pontzer H: Ecological Energetics in Early Homo. *Curr Anthropol*, 53:S346-S358, 2012.

17) Hayano J, Yuda E: Pitfalls of assessment of autonomic function by heart rate variability. *J Physiol Anthropol*, 38, 2019.

18) Rowell L: Human cardiovascular control, Oxford university press. 1993.

19) Leonard WR, Robertson ML, Snodgrass JJ, Kuzawa CW: Metabolic correlates of hominid brain evolution. *Comp Biochem Phys A*, 136: 5-15, 2003.

20) van Dijk JG: Fainting in animals. *Clin Auton Res,* 13:247-255, 2003.

21) Madsen P, Svendsen LB, Jorgensen LG, Matzen S, Jansen E, Secher NH: Tolerance to head-up tilt and suspension with elevated legs. *Aviat Space Environ Med*, 69:781-784, 1998.

22) Ganzeboom KS, Mairuhu G, Reitsma JB, Linzer M, Wieling W, Van Dijk N: Lifetime cumulative incidence of syncope in the general population: A study of 549 Dutch subjects aged 35-60 years. *J Cardiovasc Electr*, 17:1172-1176, 2006.

23) Brondum E, Hasenkam JM, Secher NH, Bertelsen MF, Grondahl C, Petersen KK, Buhl R, Aalkjaer C, Baandrup U, Nygaard H, et al: Jugular venous pooling during lowering of the head affects blood pressure of the anesthetized giraffe. *Am J Physiol-Reg I*, 297:R1058-R1065, 2009.

24) Hill KR, Walker RS, Bozicevic M, Eder J, Headland T, Hewlett B, Hurtado AM, Marlowe FW, Wiessner P, Wood B: Co-Residence Patterns in Hunter-Gatherer Societies Show Unique Human Social Structure. *Science*, 331:1286-1289, 2011.

25) Aiello LC, Key C: Energetic consequences of being a Homo erectus female. *Am J Hum Biol*, 14:551-565, 2002.

26) Marlowe F: The Hadza Hunter-Gatherers of Tanzania, University of California press. 2010.

27) Gangavati A, Hajjar I, Quach L, Jones RN, Kiely DK, Gagnon P, Lipsitz LA: Hypertension, Orthostatic Hypotension, and the Risk of Falls in a Community-Dwelling Elderly

Population: The Maintenance of Balance, Independent Living, Intellect, and Zest in the Elderly of Boston Study. *J Am Geriatr Soc*, 59:383-389, 2011.

2.2　温熱への適応

┌─□キーワード ─────────────────────────

　体温調節機能，熱放散，熱産生，温度受容器，血管運動，褐色脂肪，震え熱産生，非震え熱産生，発汗，熱中症

└─────────────────────────────────────

2.2.1　はじめに

　私たち人類は，その進化の過程で，熱帯の暑い環境に始まり，極地の極寒環境など，さまざまな温度環境に適応してきた。その適応の手段として文化的適応，生理的適応（physiological adaptation），遺伝的適応（genetic adaptation）などが挙げられる。文化的適応は，古くは火の使用や獣の毛皮を着衣することで寒さをしのいだことや，近年では高気密高断熱住宅や空気調和システムによる快適環境の構築などが挙げられる。

　一方，温度環境に対して遺伝的にも適応してきた。その一例として気候と体型の関係を表す有名な2つの法則がある。アレンの法則（Allen's rule）とベルグマンの法則（Bergmann's rule）である。同種あるいは近縁の種の動物において，アレンの法則は寒冷な地域に生存するものほど尾，耳，首などの突出部が小さく短くなり，ベルグマンの法則は寒冷な地域に生息するものほど体重が重くなるというものである。どちらも恒温動物全般にいえる法則であり，当然人類にも当てはまる。前者は体表面積を減らすことで身体表面からの**熱放散**（**heat loss/heat dissipation**）を減らし身体内部の温度（核心温／深部体温）（core temperature/deep body temperature）を保持することに役立ち，後者は身体内部での産熱や蓄熱に関与する。アフリカのサバンナで生活するトゥルカナ族はすらりとした長い手足を持ち首も長い。一方北極近くに住むイヌイット族

は，短い四肢とがっしりとした体型を持つ。また，北欧の人は大きいが，地中海沿岸部の人は小さい。すなわちこれら2つの法則は寒冷な環境に適応してきた結果として遺伝的に子孫に受け継がれてきたものであり遺伝的適応の例である。

　また，私たちを取り巻く温熱環境（thermal environment）に対して，暑いときには汗をかいたり，寒いときには震えが起こったりするように，私たちの身体は常に外界の気温に対して反応している。我々はこの反応によって身体外部の気温の変化が生じても身体内部の環境の変化を最小限にしている。個体の生存は，身体外部の環境が変化したとしても身体内部環境を全身的にある一定の範囲内に保つことによって維持されている。この現象は体内恒常性（ホメオスタシス）（homeostasis）と呼ばれている。ヒトはさまざまなホメオスタシス調節系を持っているが，体温調節系もこのホメオスタシス調節系のひとつである。

2.2.2　体温調節機能

⑴　人体と環境の間の熱移動と体温調節

　ヒトの体温調節におけるホメオスタシスの目的は，身体核心部の体温（核心温／深部体温）を一定の範囲内に維持することである。核心温を一定の範囲に維持するためには，生命活動によって身体内部でつくり出される熱量（熱産生量）と身体表面から外部環境に出ていく熱量（熱放散量）が，同程度になるように調節している。この熱産生量と熱放散量のバランスが大きく崩れたときに，核心温が変化する。熱産生量が熱放散量よりも大きくなると核心温は上昇し，熱放散量が熱産生量よりも大きくなると核心温は低下することになる。この熱産生量と熱放散量を調節する機能が**体温調節機能（thermoregulatory function）**である。

　図2.2に熱産生と熱放散のバランスを表す模式図を示す。**熱産生（thermogenesis/heat production）**は，基礎代謝量を基礎として，寒冷時に起こる**震え熱産生（shivering thermogenesis）**や**非震え熱産生（non-shivering thermogenesis）**などの生理反応，筋肉量などの形態的特徴（身体組成），食事・アルコール摂取や筋肉運動などの行動要因によって決定される。このうち，震え熱産生は，

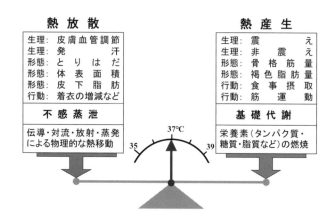

図2.2　熱産生と熱放散のバランス[11]

寒冷曝露時に見られるもので，骨格筋の収縮活動が増すことによって増加する。また，食事摂取によるものは食事誘発性産熱反応と呼ばれている。

　一方，熱放散は，皮膚表面と皮膚に接する空気層との間で物理的な熱の移動（伝導，対流，放射，蒸発）によって行われている。熱の伝導は高温部から低温部に熱が物体を伝わって移動することで，対流は気体や液体の流れによって熱エネルギーが運搬されて移動することである。人体周りの空気層は皮膚からの熱の伝導によって暖められ，暖められた空気は上昇するため自然に対流が生じる。加えて人体の動きや気流によって対流による熱の移動が大きくなる。蒸発は，水分が物体の表面において気化する現象で，このとき気化熱として気化に必要な熱量（580 kcal/l）を物体から奪う。放射は，物体から熱エネルギーが電磁波として放射される現象で，この放射エネルギーは他の物体に吸収され再度熱エネルギーに変換される。これらの物理作用による人体からの環境への熱放散は，**血管運動**（vasomotor）に伴う皮膚血流の変化に影響される皮膚温（skin temperature）の変化や**発汗**（sweating rate）などの生理反応，体表面積や皮下脂肪などの形態的特徴，着衣の増減や涼しい（または暖かい）場所への移動などの行動要因によって決定されている。

⑵　温度受容と体温調節中枢

　身体各部位の温度は，さまざまな部位に存在する**温度受容器**（**thermorecep-tor**）によって感受されている。この温度受容器はその存在部位によって3つに分類され，皮膚（実際には皮下）や粘膜にあるものを末梢温度受容器，脊髄や脳に存在するものを中枢神経内温度受容器，内臓や大血管などにあるものを中枢神経外体深部温度受容器と呼んでいる。

　温度受容器は，細胞膜表面にあるイオン透過チャネルの一種であるTRPチャネルとされる。TRPチャネルは，感覚神経や脳，内臓などの細胞膜に発現しており，ある温度に達すると活性化する。これらのTRPチャネルにはサブタイプが存在し，それぞれのタイプによって活性化温度閾値が異なる。具体的にはTRPV1は43℃より高い温度，TRPV2は52℃より高い温度，TRPV3は32〜39℃より高い温度，TRPV4は27〜35℃より高い温度，TRPM8は25〜28℃より低い温度，TRPA1は17℃より低い温度で活性化すると報告されている[1]。これらのTRPチャネルのうち，特に皮膚上皮基底層に伸びてきている感覚神経終末部の神経細胞膜上に存在するものが末梢温度受容器として身体外部の温度受容に役立っている。

　これらの温度受容器からの情報は，脊髄を経て視床そして大脳皮質の体性感覚野に伝達され，「暑い」「寒い」といった温度感覚が惹起される。一方，温度受容器からの情報は，脊髄を経て脳の橋に存在する結合腕傍核を経て視床下部へも伝達される[2]。視床下部（hypothalamus）のうち前視床下部領域および視索前野領域が，体温調節の中枢とされている。この体温調節中枢で，熱産生の亢進や発汗などの体温調節反応が決定され，自律神経系（autonomic nervous system），体性神経系（somatic nervous system），内分泌系（endocrine system）を介して末梢の体温調節反応の効果器に伝達される。

⑶　熱放散調節機構

　身体表面から外界への熱放散には，皮膚血管運動が関わっている。皮膚血管が収縮すると皮膚温が低下し外界の気温との温度較差を小さくすることで伝導

や放射による熱放散を低く抑えている。皮膚血管が拡張すると皮膚温が上昇し気温との温度較差が拡大することで熱放散が増大する。この皮膚血管の収縮および拡張を総じて皮膚血管運動と呼んでいる。皮膚血管運動によって，身体表面からの放熱量を調整することで核心温の保持を計っている。

　外界の気温の変化に対する皮膚血管運動の調節は，主に自律神経系の交感神経および内分泌系の副腎髄質ホルモンによって行われている。自律神経系の交感神経末端から神経伝達物質のノルアドレナリンが放出され，それが血管を構成する血管平滑筋細胞の α_1 アドレナリン受容体に結合することで血管平滑筋細胞が収縮し，その結果血管全体が収縮する。この反応が弱まることで血管は拡張する。血管平滑筋細胞は動脈および静脈に存在しているが毛細血管には存在していない。

　副腎髄質からは内分泌ホルモンとしてアドレナリン（adrenaline）とノルアドレナリン（noradrenaline）が放出されている。このうち主にノルアドレナリンが血管の調節に関与している。副腎髄質から放出されたノルアドレナリンは血液の流れに乗って全身に運ばれ，血管平滑筋のアドレナリン受容体に結合することで血管収縮（vasoconstriction）を引き起こしている。この副腎髄質による血管調節系は，副腎髄質自体が交感神経の支配下にあるため交感神経－副腎系と呼ばれている。交感神経による血管収縮作用は即効的で数秒のうちに生じるが，活性化した交感神経が支配している範囲の血管でのみ収縮が起こるのに対して，副腎髄質ホルモンは血流によって全身に運ばれるため，その血管収縮作用は遅効的で長時間持続し，また全身で生じる。

　より暑い環境では，汗をかくことで体熱を放散している。人類はエクリン汗腺とアポクリン汗腺の 2 種類の汗腺（sweat grand）を有している。アポクリン汗腺は腋窩や乳輪などに分布し体温調節的には関与しないといわれている。一方エクリン汗腺は，霊長類にのみ見られ，人類で最も発達している。その分布密度は部位によって異なるが，唇と性器を除いてほとんど全身に分布しており，体温調節における熱放散の役割を持つ。エクリン汗腺は交感神経の支配下にあり，交感神経末端より放出される神経伝達物質であるアセチルコリンが汗

腺のムスカリン受容体に結合することで血液から汗を創り出している。汗腺の腺体で生成された原汗は血液と同じ浸透圧であるが，汗腺の導管部を通って皮膚表面に行く間にナトリウムが再吸収されるため，実際の汗は低浸透圧となる。発汗は効率の良い熱放散機構であり，体重70 kg のヒトが炎天下に10分いると体温が 1 ℃上昇するだけの熱量が体内に入ってくるが，100 g の汗が蒸発することによってその体温上昇を抑えられる。ヒトの体温調節に関わるエクリン汗腺とそのシステムは，無毛の皮膚の発達とともに進化してきたと考えられている。

⑷　熱産生調節機構

　熱産生は，不可避的熱産生，食事誘発性熱産生，運動誘発性熱産生，寒冷誘発性熱産生に分類できる。これらのうち温度環境への適応と関係深いのは不可避的熱産生と寒冷誘発熱産生であり，寒冷誘発熱産生は非震え熱産生と震え熱産生の 2 つに分類される。不可避的熱産生は，生命維持に必要最低限の熱産生を指し，基礎代謝に相当する。

　体温調節性非震え熱産生は，寒冷環境に曝されたときに増加するもので，肝臓などの臓器，**褐色脂肪組織**（**brown adipose tissue**），骨格筋などが効果器として機能している。褐色脂肪組織は，細胞内のミトコンドリア内膜にある脱共役タンパク質 UCP 1 （uncoupling protein）の働きによって，脂肪酸やグルコースのエネルギー基質から熱を創り出すことができ，その熱産生能力は344 kcal/h/kg と強力である。褐色脂肪細胞は交感神経の支配下にあり，交感神経が活性化すると熱産生量も増加する。一方，肝臓などの臓器でも非震え熱産生は増加する。ほぼ全ての内臓は，自律神経系の交感神経と副交感神経の両方の支配を受けている。その作用は相反する作用であることから，拮抗的二重支配と呼ばれている。しかし，内臓での体温調節性熱産生の亢進は主に内分泌系のホルモンの作用によるものと考えられている。甲状腺（thyroid grand）から分泌される甲状腺ホルモンは血液の流れに乗って全身に運ばれ全身の細胞で代謝の亢進を促す働きを持っている。寒冷刺激により体温調節中枢から放出される甲状

腺刺激ホルモン放出ホルモンが脳下垂体（hypophysis/pituitary gland）に到達すると，脳下垂体前葉から甲状腺刺激ホルモンが放出される。甲状腺刺激ホルモンはその名の通り甲状腺を刺激し甲状腺ホルモンの分泌を促す。甲状腺ホルモンが，ほぼ全身の細胞に発現しているとされている甲状腺ホルモンの受容体に結合することで，細胞で代謝反応の亢進が生じ，結果として全身での熱産生量が増加する。同時に，副腎皮質（adrenal cortex）から放出される内分泌ホルモンである糖質コルチコイド（主にコルチゾール（cortisol））や副腎髄質（adrenal medulla）から放出されるアドレナリンも寒冷刺激によって増加し，それらのホルモンの作用によって，肝臓や脂肪細胞からエネルギー基質としてのグルコースや脂肪酸が血中にでて全身に運ばれる。これらのホルモンの働きにより内臓などの熱産生が増加する。

　より寒い環境に曝されると震えが生じる。震えは骨格筋で生じる強力な熱産生機構であり，体性神経系の運動神経によって調節されている。運動を行うときには随意的に骨格筋を収縮させているが，震えは視床下部の背内側核からの指令により不随意で生じる。温度受容器からの「寒い」情報がないときには，体温調節中枢である視床下部の視索前野から背内側核に対して抑制の制御を行っているが，温度受容器からの冷刺激情報が伝達されると背内側核への抑制が解除され，運動神経を介して骨格筋が収縮する。このとき拮抗筋（伸筋と屈筋）が同時に収縮することで，外的仕事が起こらず，筋収縮のエネルギーは全て熱に変換されるといわれている。

2.2.3　寒冷環境への適応

　ヒトは全身を寒冷環境に曝すと，身体の表面から環境への熱放散を抑制し，身体の内部での熱産生を増やすことで身体核心部の体温を維持している。つまり寒冷適応能力は，熱放散抑制の能力および熱産生の能力ということができる。

　寒冷環境下での睡眠時の体温調節反応は，その調節に関わる生理的メカニズムの違いから 3 つのタイプに分類されることが知られている。オーストラリア先住民では寒冷環境下での睡眠時に震えは見られず，直腸温と皮膚温を白人以

上に低下させて熟睡できるという[3]。身体深部から皮膚表面への熱移動そして皮膚から環境への熱放散を抑制できることから断熱的な寒冷適応のタイプとされる。北極地に住むアメリカ先住民は眠りながら震えて熱産生を亢進し[4]，イヌイットは高い代謝水準によって深部体温の維持を図るような産熱的な寒冷適応のタイプを示す[5]。この寒冷適応の表現型の違いには，遺伝的要因も関連すると考えられるが，不安定な食糧獲得状況からエネルギー消費を抑える必要があったオーストラリア先住民に対し，アザラシなどから動物性蛋白質や脂肪の摂取が容易であったイヌイットでは高い代謝水準を保つことが容易であったというように，食糧獲得環境も関係していると考えられる。また，南米高地ケチュア族やノルウェー北部遊牧ラップのように，寒冷環境下でも熱放散抑制および熱産生亢進反応が微弱で深部体温が低下する冬眠的寒冷適応タイプも存在する。しかし，断熱的適応や冬眠的適応を示すタイプにおいても，より寒い環境になると熱産生が亢進し，覚醒時にはより早く熱産生亢進が生じる。また，産熱的適応タイプであるイヌイットでは熱産生が亢進する前には皮膚血管収縮による熱放散の抑制反応が起こっている。つまり寒冷適応のこれらのタイプは，皮膚血管収縮から熱産生亢進という寒冷時の一連の体温調節反応のある時点をみて分類されているに過ぎない。

　生理人類学において，生理反応のタイプ（生理的多型性）（physiological polymorphism）を論じるためには，効果器や調節系も含めた生理的メカニズムに基づいて考える必要がある。10℃の寒冷環境に90分間軽装で仰臥位安静にしていた時の熱産生反応を見た研究によると，この寒冷誘発熱産生反応は個人によって異なり，熱産生が増加しないタイプ，震え開始と同時に熱産生が増加する震え熱産生タイプ，そして震え開始前から熱産生が増加する非震え熱産生タイプに分類される[6]。熱産生が増加しないタイプの人は基礎代謝量（basal metabolic rate：BMR）が高く，10℃程度の環境では熱産生を増加せずとも核心温の維持が可能であったと考えられる[7]。震え熱産生タイプでは，運動神経による調節を受けた骨格筋を効果器としている。非震え熱産生タイプでは，内臓や褐色脂肪組織などの効果器による熱産生亢進が震えに先行して生じ，その調節

は交感神経と内分泌ホルモンによるものと考えられる。

　褐色脂肪組織は，人類では乳幼児で多く見られるが，ヒト成人ではほとんど見られないとされてきた。しかし，2009年に成人でも**褐色脂肪**の存在が確認され，現在でもヒトの褐色脂肪に関する研究が多く行われている。しかし，全ての成人が褐色脂肪を持っているわけではない。オランダの研究では95％以上の若者に褐色脂肪が認められる[8]のに対して，日本人の若者では約50％に過ぎず，高齢になると褐色脂肪組織の発現率は著しく低下する[9]。このような褐色脂肪組織発現の個体差を考慮すると，前述の非震え熱産生タイプは，効果器が異なる褐色脂肪優位タイプと内臓優位タイプなどに分類できると考えられる。

　褐色脂肪組織の量およびその活性の程度は寒冷刺激によって増加することが知られている。また，太っている人には褐色脂肪組織は少なく，痩せている人に多いことから，肥満予防との関連性から褐色脂肪に関する研究が活発に行われている。エアコンの普及によって冬季でも快適な室内で生活している現代の日本人において，今後，褐色脂肪組織の発現と活性の程度が低下していくことが考えられる。その結果，肥満の増加や寒冷適応能力の低下に繋がっていくのかもしれない。

2.2.4　暑熱環境への適応

　近年，日本では，夏になると熱中症の患者が増大するというニュースを良く耳にする。確かに昔に比べると熱中症で救急搬送される人数は増えているようである。昔の人と比較して現代生きている我々の暑熱環境への適応能は低下しているのであろうか？

　熱中症（**heat stroke**）とは，高温多湿の環境下で運動や作業を行うときに生じる全身性の温熱障害で，軽症の熱けいれん（heat cramp）や熱虚脱（heat collapse）あるいは熱失神（heat syncope），中等症の熱疲労（heat fatigue），重症の熱射病（熱中症）（head stroke）に分類される。熱けいれんは，体内電解質の不足が原因で生じる四肢・腹部の筋肉の痛みを伴うけいれんであり，発汗時に水分のみ摂取した状況でも生じる。熱虚脱・熱失神は暑熱時の発汗による

水分損失と皮膚血管拡張により心臓へ戻ってくる血液が不十分なときに起こる脳血流不足から生じるめまいや失神である。熱疲労は，熱虚脱・熱失神が進んだ状態で体内の水分不足が原因で生じるめまいや全身的疲労感の増大である。重症の熱射病では体温調節機能が障害を受けている状態で発汗停止，高体温となり，多臓器不全で死亡することもある重篤な状態である。このように熱中症は体内の蓄熱量が増加し，放熱が追いつかない場合に発生する暑熱障害である。つまり熱中症は，暑熱環境に対する適応能，つまり発汗や血管拡張（vasodilation）による熱放散促進の能力に深く係わっている。

　人類に見られる暑熱環境への適応の最大の特徴は，エクリン汗腺とのその調節システムである。エクリン汗腺のうち，汗をかくことができる汗腺を能動汗腺と呼ぶ。日本人の能動汗腺数は約230万個であり，フィリピン人の能動汗腺数の約280万個と比較すると少ない。日本人が成人後にフィリピンやタイなどの熱帯地域へ移住しても能動汗腺数に違いは見られないが，熱帯地域で出生した日本人では現地の人と同等の能動汗腺数を持つ[10]。このことは汗腺の能動化は遺伝的な影響よりも，生後数年の生活している環境の気温によって影響を受けることを示唆している。それでは現代の日本人の生活を考えてみよう。日本には四季があり，夏は暑く，冬は寒い。しかし，現代人は，冬は暖房，夏は冷房の効いた室内で生活することが多く，四季による気温変化は戸外ほどでなくなってきている。つまり，生後数年間に経験する暑い環境が減少しており，その結果，能動汗腺数も減っている可能性が考えられる。

　それでは汗腺でかくことができる汗の量，すなわち発汗能力はどうなのであろうか。汗腺は習慣的な運動によって肥大し，発汗量を増やすことができる。最近はマラソンブームであり，習慣的に運動する人も増えつつあるようだが，一方で労働形態が全身的な身体作業から座位での精神作業へと変化してきており，現在では体を動かすことが少ない快適環境でのオフィスワークが主流となっている。つまり，昔と比較すると日常生活での身体活動量は減り，発汗の機会も減少していることから発汗能力も低下していると考えられる。

　地球温暖化や突然の熱波発生，都市ではヒートアイランド現象など，我々を

取り巻く環境が厳しくなっていることと，我々の暑熱適応能力が低下していることが相まって，暑熱に起因する疾患が多くなっているのかもしれない。

　人類に見られる暑熱適応の特徴である汗腺とその調節システムは，毛のない皮膚への変化とともに進化してきたと考えられている。しかし，空調機器や高気密高断熱住宅の使用により発汗機能を発揮する機会が減っている現在では，人類の特徴である発汗機能を退化させているのかもしれない。

引用・参考文献

1) 富永真琴：生体はいかに温度をセンスするか— TRP チャネル温度受容体—. 日本生理学雑誌，65(45)：130-137，2003.

2) Nakamura K, Morrison SF.： A thermosensory pathway that controls body temperature. Nature neuroscience, 11(1)：62, 2008.

3) Scholander, P. F., Hammel, H. T., Hart, J. S., LeMessurier, D. H., & Steen, J.： Cold adaptation in Australian aborigines. Journal of Applied Physiology, 13(2), 211-218, 1958.

4) Castellani, J. W., & Young, A. J.： Human physiological responses to cold exposure： Acute responses and acclimatization to prolonged exposure. Autonomic Neuroscience, 196, 63-74, 2016.

5) 佐藤方彦：人間と気候. 中公新書，135-139，1987.

6) 前田享史：寒冷時の産熱反応における生理的多型性. 日本生理人類学会誌，18(1)：33-37，2013.

7) Maeda T, Fukushima T, Ishibashi K, Higuchi S.： Involvement of basal metabolic rate in determination of type of cold tolerance, J Physiol Anthropol, 26(3)：415-418, 2007.

8) van Marken Lichtenbelt WD, Vanhommerig JW, Smulders NM, Drossaerts JM, Kemerink GJ, Bouvy ND, Schrauwen P, Teule GJ.： Cold-activated brown adipose tissue in healthy men. N Engl J Med, 360(15)：1500-1508, 2009.

9) Saito M, Okamatsu-Ogura Y, Matsushita M, Watanabe K, Yoneshiro T, Nio-Kobayashi J, Iwanaga T, Miyagawa M, Kameya T, Nakada K, Kawai Y, Tsujisaki M.： High incidence of metabolically active brown adipose tissue in healthy adult humans： effects of cold exposure and adiposity. Diabetes, 58(7)：1526-1531, 2009.

10) 井上芳光，近藤徳彦編著，松本孝朗：民族差と短期・長期暑熱順化. 体温 II 体温調節システムとその適応，NAP，207-2018，2010.

11) 生理人類学士認定委員会編：生理人類学士入門，国際文献印刷社，p. 67，2017.

2.3　光への適応

2.3.1　はじめに

　太陽から放射された光の内で地球上に到達する光は，波長の短い方から**紫外線（ultraviolet light）**，可視光線（visible light），赤外線（infrared light）に分類される。可視光線は波長が380〜760 nm の光を指し，波長の違いは光の色の違いとして知覚される。紫外線は紫色よりも短い波長の光を指し，赤外線は赤色よりも長い波長の光を指す（**図2.3**）。どちらも可視光線の外にあるので，人

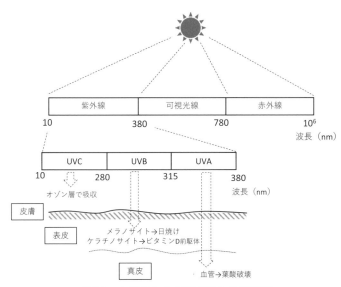

図2.3　太陽光からの紫外線と生体影響

の目で見ることができない。

　地球上に到達する太陽光は，時刻や季節，あるいは地理的条件によって大きく変化する。人類の進化の中で紫外線への適応（adaptation）は肌の色（skin color）の多様性をもたらしたことはよく知られている。可視光線については，ヒトの視覚機能と密接に関連しているが，もう一方で，地球の自転に伴う明暗サイクルに体内時計を同調させる役割もある。ここでは，紫外線と可視光線を中心に光への適応について述べることとする。

2.3.2　紫外線への適応（肌の色の多様性）

⑴　紫外線の負の作用

　紫外線は，人体への影響の観点から紫外線 A 波（UVA，波長315〜380 nm），紫外線 B 波（UVB，波長280〜315 nm），紫外線 C 波（UVC，波長280 nm 未満）に分類される（UVC は大気中のオゾン層に吸収されるため地上には届かない）（**図2.3**）。紫外線の影響として最もよく知られている**日焼け**（**suntan**）は UVB によって引き起こされる。本章で用いる日焼けは，紫外線を浴びた直後に皮膚が赤くなるサンバーンのことではなく，その数日後に肌が黒っぽくなるサンタンの意味で使用している。UVB は皮膚の浅い部分（表皮）までしか到達しないが，表皮のメラノサイトを刺激し，メラニン色素（melanin pigment）を作らせる。メラニン色素は紫外線を吸収するので，紫外線が細胞核に到達するのを防ぐことができ，それによって細胞核内の DNA へのダメージを抑えている。つまり，日焼けは紫外線から身を守るための適応反応なのである。

　アフリカの地で誕生した人類は，森林からサバンナに進出し，体毛を失ったとされる。体毛があった時のヒトの肌の色は現生のチンパンジーなどから類推して薄い色をしていたと考えられている。つまり，初期の人類は最初から黒褐色の肌をしていたわけではなく，紫外線の淘汰圧に対して遺伝的に適応した結果として獲得されたものである。しかもその適応は，日焼けといった一時的なものではなく，生得的にメラニン色素を多く含んだ肌を持つように遺伝的に適

応した結果である。

　黒褐色の肌のもうひとつの適応的な意義として，**葉酸**（**folic acid**）の破壊を防ぐ役割が報告されている。紫外線の中の UVA は，真皮中の血管まで到達し，血液中の葉酸を破壊する。葉酸はビタミン B 群の一種で妊娠中の母親の葉酸が不足すると，胎児の神経管異常の発生率が高くなる。葉酸は DNA 複製にも不可欠な物質である。近年の報告では，紫外線の淘汰圧は，生殖や出産と直接関係している葉酸の破壊を防ぐことの方が，生殖年齢を過ぎた後に発症する**皮膚がん**（**skin cancer**）を防ぐことよりも強く働いたという説が提唱されている[1]。

⑵　紫外線の正の作用

　紫外線は皮膚がんや葉酸不足の原因となる一方で，骨の形成を助ける**ビタミン D**（**vitamin D**）の合成を誘発させる役割を持つ。表皮のケラチノサイトに到達した UVB は，コレステロールをビタミン D 前駆体に変え，ビタミン D 前駆体は腎臓でビタミン D になる。ビタミン D はカルシウムを腸から吸収し，骨に移転させる役割を担っている。従って，極端な紫外線不足は，子どもでは**クル病**（**rickets**）といった骨の発育不全に，大人は骨軟化症の原因となる。

　現生人類（ホモ・サピエンス）は，約10〜12万年前頃にアフリカを出て，ヨーロッパなど日照量の少ない地域に移住した歴史を持つ。そこではビタミン D 生成のために，紫外線を積極的に取り込む必要があったと考えられる。ヒトは再び薄い色の皮膚を獲得することで，少ない紫外線に適応したとされている。現生人類が薄い色の肌を獲得した背景にネアンデルタール人（Neanderthal man）との混血が寄与していた可能性がある[2]。これは，遺伝子解析によりネアンデルタール人の肌の色が薄かった可能性が示されていることや，現生人類がネアンデルタール人から受け継いだ遺伝子の中に，色素沈着に関するものが高頻度に含まれることから類推されている。

⑶　現代生活と紫外線

　肌の色の多様性は紫外線の量に依存した適応の結果であるが，移住によって
ヒトの居住地は拡散している。例えば，薄い色の肌の人々が，オーストラリア
などの紫外線の強い地域で暮らし，皮膚がんのリスクを高めている。逆に，皮
膚色の濃いアジアやアフリカの人にとって高緯度地域への移住はビタミン D
欠乏症のリスクが高まる。最近では日本でも日光にあたることの少ない人（日
焼け止めの使用も含む）が増えており，乳幼児のビタミン D 欠乏症が増加し
ている[3]。必要なビタミン D を得るための日光浴の時間はそれほど長くない。
夏の東京の正午頃，雲が少しある晴れた日の場合，顔と手程度を露出した状態
で約 3 分間の外出で十分とされている[3]。一方，冬季であれば約50分とされて
いる。また，地域によっても異なり東京に比べて北海道では長い時間が必要と
される。

2.3.3　可視光線への適応

⑴　光と概日リズム

　ヒトに限らずほぼ全ての生物は地球の自転に伴って生じる明暗サイクルに同
調した約24時間周期で振動する**体内時計**（**biological clock**）を持っている。約
24時間周期で変動しているヒトのさまざまな生理現象（体温，心拍，ホルモン
分泌，睡眠覚醒サイクルなど）は，概日時計によって自律的に駆動されてお
り，その変動を概日リズム（サーカディアンリズム）（circadian rhythm）と呼
ぶ。概日リズムは周りの環境が常に一定に保たれていても，自律的に約24時間
周期で変動する特徴があり，この周期を内因性の概日リズム周期と呼ぶ。ヒト
の場合，その周期は24時間より長いことが知られているが，普段の生活で体内
時計が後ろにずれていくことがないのは，朝の光が目から入力されることで概
日時計がリセットされているからである。

⑵　光の非視覚的な作用

　網膜（retina）で受けた光（可視光線）は脳の中で二通りの経路で処理され

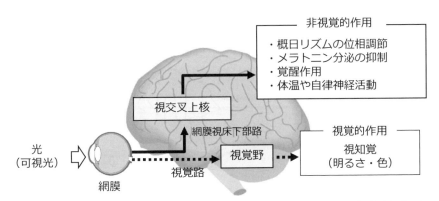

図2.4　網膜視床下部路を介した光の非視覚的な作用（実線）。点線は視覚的な作用
※脳の図と位置関係はイメージ

る（**図2.4**）。ひとつは光の情報が視覚経路を介し，後頭部の視覚野に伝えられ，明るさや色などの知覚が生じる。もうひとつは網膜視床下部路（retinohypothalamic tract）を介して概日時計の中枢である視交叉上核（suprachiasmatic nucleus：SCN）に伝えられる。視交叉上核を介した光は，脳のさまざまな部位に投射され，概日リズムの位相，**メラトニン**（**melatonin**）の分泌，覚醒度（alertness），体温（body temperature）などに影響する。これらの作用は光の視覚機能とは異なることから**光の非視覚的作用**（**non-visual effects of light**）と呼ばれている。光で瞳孔が縮瞳する現象（対光反射）も光の非視覚的な作用に含まれる。

　光の非視覚的な影響はメラトニンを指標に調べられることが多い。メラトニンは脳の松果体で合成され夜間に分泌されるが，光に曝露されるとその情報が視交叉上核を経て松果体に伝えられ，メラトニンの合成が急性に抑えられる（**図2.5上**）。また，夜の光は概日リズムの位相を後退させる作用も持つ（**図2.5下**）。概日リズムの位相の指標はいくつか存在するが，最近では DLMO（dim light melatonin onset）を用いる研究が多い[4]。文字通り薄暗い部屋でメラトニン分泌が始まる時刻を指す。一般的に DLMO は習慣的な入眠時刻の 1 ～ 3 時間前を示すことが多い。

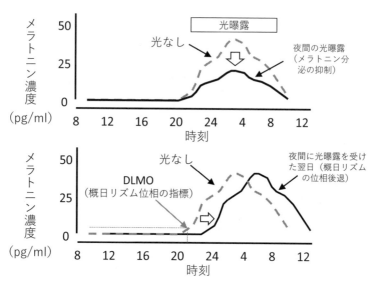

図2.5　夜の光曝露によるメラトニン分泌の抑制（上）とメラトニンの DLMO から
みた概日リズム位相の後退（下）

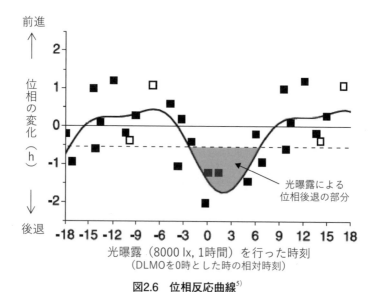

図2.6　位相反応曲線[5]

　光による概日リズム位相への影響は位相反応曲線（phase response curve）で
あらわされる（**図2.6**）[5]。図では強めの光（8,000 lx，曇り空の屋外程度）をさ
まざまな時間帯に1時間だけ曝露したときに，どのくらい概日リズムの位相が
ずれるかを示している。図中の点線より上は光曝露によって位相が前進する時
間帯，点線より下は位相が後退する時間帯を指す（ヒトの場合，内因性の概日
周期が24時間より長いので，光がない状態で1日を過ごすと自然な位相後退が
起きる。図の点線はこの自然な位相後退を指している。つまり，光の影響を見
る際は，この点線が基準となる）。この図から，普段の就寝時刻の前後
（DLMO付近）でも光を浴びると概日リズムを後退させることが分かる。一般
家庭程度の明るさでもこの時間帯の光曝露が毎日繰り返されることで概日リズ
ムの後退が起きていることも知られている。

⑶　光の照度と色温度の影響

　光の非視覚的な作用は照度（illuminance）が高いほど，曝露時間が長いほど
影響が大きくなる（**図2.7**）[6]。この研究は日本人を対象としており，120分の光

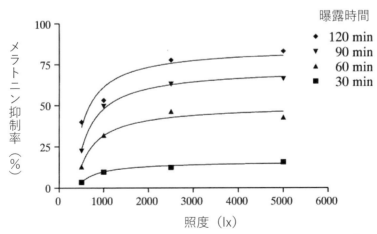

図2.7　照度と曝露時間とメラトニン抑制の関係（日本人のデータ）[6]

曝露でメラトニン抑制が起こる最低照度は285 lx とされている（一般家庭の明るさより若干明るめ）。なお，この分野において照度の測定は目の位置の鉛直面照度を指すことが一般的である。一方で，照度とメラトニン抑制の関係を調べたアメリカの研究では，さらに低い照度である約100 lx 前後の光でもメラトニンの抑制や位相後退が生じることが報告されている。この違いは，光感受性の民族差（後述）が関係している可能性もある。

　光の非視覚作用は光の波長によっても異なる。光によるメラトニン分泌の抑制の分光感度は460 nm 付近の青色光が最も作用量が大きい（**図2.8**）[7]。メラトニン抑制以外の非視覚的作用（位相変化，体温，覚醒作用など）においても，青色光で作用量が大きいことが明らかにされている。青色にピークを持つ光の非視覚的作用には，従来から知られている桿体（rod）と錐体（cone）とは別の視細胞が主体的に関与している。この視細胞は**メラノプシン**（**melanopsin**）という視物質を発現する網膜神経節細胞であり ipRGCs（intrinsically photosensitive retinal ganglion cells）と呼ばれている。ipRGCs はそれ自身が光感受性

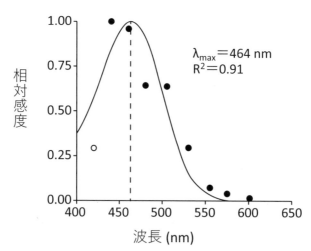

図2.8　メラトニン抑制の作用スペクトル。約460 nm 辺りの青色光で最も感度が高い[7]

を持っており青色光に対して強く反応するが，桿体と錐体からの入力も受けていることから，光の非視覚的作用は全ての視細胞が総合的に寄与している。

　ヒトの比視感度曲線（光の波長ごとに明るさ感を示したもの）のピークは緑色光（555 nm）で最大となる。一方で，光の非視覚作用は青色光で最大となることから，明るさの指標である照度（lx）という単位だけでは光の非視覚的な影響を十分に説明できない場合も出てくる。従って，光の単位には光子量であるフォトン（photons/cm^2/s）や放射照度（irradiance）（μW/cm^2）を用いることもある。また，光の非視覚作用を予測する新たな単位として，メラノプシンの分光反応特性をもとに作られた mlx（melanopic lx）という単位も提唱されている[8]。

　日常的に使用する白色の蛍光灯や LED ランプにも青色光は含まれている。これらの色調の違いは色温度（color temperature）の単位（K：ケルビン）で表される。日本では1990年代から照明の色温度に着目した研究が生理人類学の分野を中心に行われており[9][10]，高色温度の照明が覚醒度を高め，自律神経系にも作用することをいち早く明らかにしていた。その当時はメカニズムがよく分かっていなかったが，ipRGCs の発見などによって，青色光の非視覚的作用がその背景にあることが分かった。現在では国内外で色温度の非視覚的な影響が明らかにされている。高色温度の照明を夜間の就寝前に使用することは，概日リズムを後退させ，覚醒度を上昇させ，メラトニンを抑制し，睡眠を妨げることから，この時間帯は低色温度の照明を使用することが推奨されている。

(4)　光の影響の個人差（年齢，民族，遺伝子型など）

　光の非視覚的作用には個人差があることが知られている[11]。まず年齢による違いがある。小学生の年代の子どもと大人を同じ光環境に曝露してメラトニン抑制の大きさを比較した研究では，子どもは大人の約 2 倍も影響を受けやすいことが報告されている[12]（図2.9）。子どもが夜の光の影響を受けやすい理由としては，瞳孔（pupil）が大人より大きいことや，水晶体（crystal lens）の光の透過率が高いことが原因と考えられている。波長の影響についても調べられて

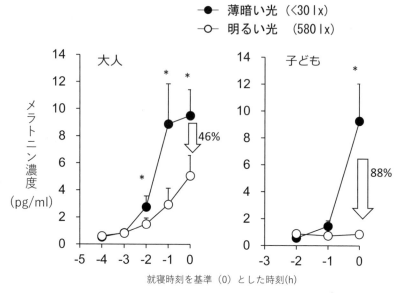

図2.9　夜の明るめの光によるメラトニンの分泌抑制[12]

おり，子どもは青色光を多く含む高色温度の照明の影響を受けやすく（**図 2.10**），就寝前に曝露されるとメラトニンの抑制が強く生じるだけではなく，眠気も生じにくいことが明らかとされている[13]。

　反対に高齢者では，瞳孔が小さく，水晶体の黄濁により光透過率も小さくなる。それを原因とした視覚機能の低下はよく知られている。しかしながら，非視覚的な作用は必ずしも低下するとは限らないようである。この理由としては，高齢者では網膜への光入力の低下を補うような補償的な機能が働いた可能性が考えられる。

　次に民族差について，夜の光に対する非視覚的作用の違いを調べた研究では，ヨーロッパ系民族ではアジア系民族に比べてメラトニン抑制率が高いことが報告されている。この理由としては，薄い色の虹彩だけではなく，網膜の最下層にある網膜色素上皮も関連していると考えられる。この部位の色素沈着が少ないと光が吸収されずに散乱されやすくなり，これもヨーロッパ系民族の光

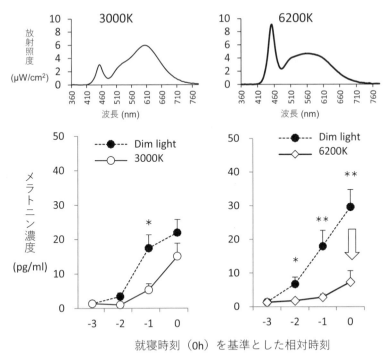

図2.10 LED 照明の色温度の違い（分光分布，上）とメラトニン抑制（下）

感受性を高めている原因と考えられる。

　遺伝的多型（genetic polymorphism）との関係を示唆する研究もある[14]。例えば，日本人のメラノプシン遺伝子（*OPN 4*）の一塩基多型を調べた研究では，ある領域の遺伝子型の違いが瞳孔の対光反射や睡眠と関係していた。興味深いことに，光に対して反応の大きい遺伝子型はヨーロッパ集団で頻度が高い傾向にあった。また，日本人を対象に**時計遺伝子**（clock gene）のひとつである *PER 2* の多型と光によるメラトニン抑制の関係を調べた研究では，アフリカ由来の先祖型の時計遺伝子を持つ者は光に対する感受性が低いことが報告されている。肌の色の多様性は遺伝的な適応の結果であるが，光の非視覚的な反応の多様性の背景にも遺伝的な適応が存在しているかもしれない。

⑸　現代社会における夜の光の問題

　夜の光の影響を受けやすい職種として夜勤・**交替制勤務**（**shift work**）がある。夜勤中は夜間の光によってメラトニン分泌が抑制されると同時に，光によって概日リズムも乱れる。その結果として夜勤者は睡眠障害，肥満，がん，糖尿病などのリスクが高い[15]。2007年に国際がん研究機関（IARC）は，概日リズムの乱れを含む夜勤および交替制勤務の発がん性を Group 2 A（恐らく発がん性がある）に分類している。夜勤時の光は概日リズムを乱す要因になるが，一方で覚醒度の低下を防ぐ役割がある。今後は，個人差も含め，光のメリットを失うことなく光のデメリットを減らす対策が必要と考えられる。

　現代社会は，さまざまな情報とそれに関連する機器に囲まれた生活を送っている。テレビの視聴やメディアへの接触が就寝時刻の遅延や睡眠時間の減少と関連することが多くの研究で報告されている。パソコンやテレビから発せられる光が強い場合，概日時計を介してメラトニンや睡眠に影響するという報告も増えている。一方で，メディアへの接触といった行為はそれ自体が脳の覚醒を促し，就寝を遅らせている可能性もある[16]。これらの影響は，大人以上に子どもの睡眠，発達や精神的な健康度とも関連すると考えられる[17]。子どもは光の影響を受けやすいことから今後重要な研究テーマになると考えられる。

⑹　日中の光の影響

　最後に日中の光の重要性について述べる。自然の光は気分に影響を及ぼす。その代表として**冬季うつ病**（**winter depression**）がある。季節性感情障害のひとつとして分類される冬季うつ病は，日照時間が短くなる高緯度地域で発症率が高い。日中の光が不十分な場合，夜の睡眠に悪影響を及ぼす可能性がある。近年は季節に関係なく 1 日中屋内で過ごすことも多い。例えば，労働者を対象とした研究で，日中の勤務中の光曝露が少ないと不眠の頻度が高まることが報告されている[18]。高齢者の場合，白内障によって網膜への光の入力（特に青色光）が低下する。白内障の手術により睡眠が改善することが報告されている[19]。また，日中に屋内で過ごしがちの施設の不眠症の高齢者に対して，人工

照明による高照度の光曝露を数週間実施したところ，夜間のメラトニンの分泌が高まり，睡眠も改善したことが報告されている。これらの研究より，日中に十分な光を浴びておくことは，夜間の睡眠にとっても重要といえる。その他の影響として，屋外の活動時間が長いほど子どもの**近視（myopia）**が少ないと報告されている[20]。これは，太陽光が近視の原因である眼軸長の伸長を抑制するためと考えられており，子どもの近視の予防には1日2時間以上の屋外活動が有効とされている。

2.3.4 おわりに

以上の通り，光（紫外線と可視光線）は人の生活にとって欠かせないものであるが，良い面ばかりではなく，負の側面もある。光の影響の受けやすさには個人差（年齢差や民族差も含む）も大きく，それに伴って光の良い面と悪い面のバランスも変動する。光と概日リズムの点では，光の影響を受けやすい夜勤者や子どもに対する研究や対策が必要になると思われる。

引用・参考文献

1）ジャブロンスキー NG，チャップリン G.：肌の色が多様になったわけ，日経サイエンス，1：100-108，2003.

2）ウォン K.：ホモ・サピエンス成功の舞台裏，日経サイエンス，12：62-67，2018.

3）環境省：紫外線環境保健マニュアル2015. 2015.

4）樋口重和：ヒト概日時計の評価方法，時間学の構築Ⅲヒトと概日時計と時間，恒星社厚生閣，27-44，2019.

5）St Hilaire MA, Gooley JJ, Khalsa SB, Kronauer RE, Czeisler CA, Lockley SW.：Human phase response curve to a 1 h pulse of bright white light, J Physiol, 590：3035-3045, 2012.

6）Aoki H, Yamada N, Ozeki Y, Yamane H, Kato N.：Minimum light intensity required to suppress nocturnal melatonin concentration in human saliva, Neurosci Lett, 252：91-94, 1998.

7）Brainard GC, Hanifin JP, Greeson JM, Byrne B, Glickman G, Gerner E, Rollag MD.：Action spectrum for melatonin regulation in humans：evidence for a novel circadian photoreceptor, J Neurosci, 21：6405-6412, 2001.

8 ）Lucas RJ, Peirson SN, Berson DM, Brown TM, Cooper HM, Czeisler CA, Figueiro MG, Gamlin PD, Lockley SW, O'Hagan JB, Price LL, Provencio I, Skene DJ, Brainard GC.：Measuring and using light in the melanopsin age, Trends Neurosci, 2013.

9 ）Katsuura T, Lee S.：A review of the studies on nonvisual lighting effects in the field of physiological anthropology, J Physiol Anthropol, 38:2, 2019.

10）Yasukouchi A, Ishibashi K.：Non-visual effects of the color temperature of fluorescent lamps on physiological aspects in humans, J Physiol Anthropol Appl Human Sci, 24:41-43, 2005.

11）樋口重和, 李相逸：光のサーカディアンリズムとメラトニン分泌への作用の個人差. 照明学会誌, 99:20-24, 2015.

12）Higuchi S, Nagafuchi Y, Lee SI, Harada T.：Influence of light at night on melatonin suppression in children, J Clin Endocrinol Metab, 99:3298-3303, 2014.

13）Lee SI, Matsumori K, Nishimura K, Nishimura Y, Ikeda Y, Eto T, Higuchi S.：Melatonin suppression and sleepiness in children exposed to blue-enriched white LED lighting at night, Physiol Rep, 6:e13942, 2018.

14）樋口重和：光と適応　遺伝子型から表現型へ. 日本生理人類学会誌, 23:171-174, 2018.

15）Stevens RG, Brainard GC, Blask DE, Lockley SW, Motta ME.：Breast cancer and circadian disruption from electric lighting in the modern world, CA Cancer J Clin, 64:207-218, 2014.

16）Higuchi S, Motohashi Y, Liu Y, Maeda A.：Effects of playing a computer game using a bright display on presleep physiological variables, sleep latency, slow wave sleep and REM sleep, J Sleep Res, 14:267-273, 2005.

17）樋口重和：子どもの睡眠問題と光環境, 睡眠医療, 11:501-505, 2017.

18）Kozaki T, Miura N, Takahashi M, Yasukouchi A.：Effect of reduced illumination on insomnia in office workers, J Occup Health, 54:331-335, 2012.

19）綾木雅彦：白内障と高齢者の睡眠, 睡眠医療, 11:495-500, 2017.

20）Rose KA, Morgan IG, Ip J, Kifley A, Huynh S, Smith W, Mitchell P.：Outdoor activity reduces the prevalence of myopia in children. Ophthalmology, 115:1279-1285, 2008.

2.4 音への適応

□キーワード

音，音波，音圧，デシベル（dB），周波数，聴覚，音の3属性，音の大きさ，音の高さ，音色，等ラウドネスレベル曲線，音の定位，聴覚情景分析，（音の）空間情報，騒音性難聴，騒音曝露，騒音，音楽，サウンドスケープ

そもそも，音とは何だろうか。

中学校の理科の時間に習ったように，音とは，物体の振動が，空気の振動として伝わるものである。そして，この空気の振動が耳に届き，「**音**」として認識される。単なる空気の振動という側面だけではなく，音は意味を運び，価値を創造する。音響学において，音とは，音波またはそれによって起こされる聴覚的感覚とされる。つまり，音を理解するためには，物理的側面として音波の理解とともに，人間がどのように「聞くか」という心理的側面の理解も非常に重要である。

本節では，まず音と聴覚の基礎から，音および音の空間性を聞く心理的仕組み，さらには音環境，特に騒音の影響と認識に焦点を当てて解説する。

2.4.1 音波と聴覚の基礎知識

振動とは，何らかの力によって物体の形状や位置の変異が起こり，物体もしくは物体の一部が周期的に変動することである。この振動が周囲の媒質（空気）の圧力変化を起こし，媒質の振動が伝わる。これが**音波**（**sound wave**）である。この音波が聴覚系に伝えられて，「音」として認識される。

太鼓を例に考えてみよう。太鼓の皮がバチで叩かれると，皮は胴の方向に変異すると同時に，皮の張力によってもとに戻る力が生じる。これによって皮はもとの位置に戻ろうとするが，この運動は初期位置で止まらず，今度は反対側への運動となる。この運動に対しても皮の張力が働き，再び，胴の方向への運

動に変わる。そして，皮は往復を繰り返す振動の状態になる。このとき，皮が
周囲の空気に作用し，空気の圧力が下がったり上がったりする。この空気の圧
力変化が周囲に伝搬していく。

　音波が伝わっていく場において，ある一点に注目してみる。この観測点で
は，音波によって空気の圧力が上がったり下がったりを繰り返す。この時間に
伴う圧力変化を表現したものが，波形（音圧波形）である。世の中にはいろい
ろな音があり，その波形はさまざまである。周期的な波形もあれば，不規則な
もの，一過性のものもある。中でも，最も単純な音として，波形が正弦波に
なっている音のことを純音と呼ぶ。逆に，全く周期性を持たずランダムな波形
の音をノイズと呼ぶ。

　音波によって引き起こされる空気の大気圧（静止大気圧，約1,000 hPa）か
らの圧力の変化を**音圧**と呼ぶ。日常生活において我々が聞く音は0.1 Pa 程度の
音圧で，大気圧に比べると非常に小さい変化である。また，人間が音として聞
くことができる音圧は，20 μPa（$= 2 \times 10^{-5}$ Pa）程度から数十 Pa まで広範囲
におよぶ。この広範囲の数値を圧縮し，また人間の感覚への対応をよくするた
め，基準となる音圧との比を対数化し，単位を**デシベル（dB）**[*1]**(decibel)** と
する音圧レベル（sound pressure level）で表示することが一般的である。基準
音圧に最小可聴音圧 2×10^{-5} Pa を用いて，0 ～120 dB 程度の範囲に表され
る。一方，人間が聞くことができる**周波数（frequency）**，つまり1秒間の音圧
の振動回数は，20 Hz～20 kHz 程度である。

　この音波が聴覚系でどのように「音」として知覚されるのかをみてみよう。
図2.11は人間の聴覚器（auditory apparatus）の構造模式図である。構造的に
は，外耳，中耳，内耳の3部に分けられる。

＊1）デシベルは音圧，電力，利得など，物理量をレベル表現するときに使用される無次元
　　の単位である。基準とする量に対する比の常用対数をレベル表現といい，その単位が
　　ベル（記号は大文字の B）と定義される。これに10^{-1}を意味する補助単位であるデシ
　　（記号は小文字の d）を付したものが dB である。ゆえに，大文字小文字を混同した db
　　や DB などの表記は誤りである。

外耳は，耳介と外耳道からなる。耳介は，外部から視認される部分でネコなどの哺乳動物ではよく発達し指向性機能を有するが，ヒトでは退化してほとんど動かない。耳介で集められた音のエネルギーは，外耳道を経て鼓膜に伝わる。ここで，外耳道の音響管としての振舞いによる共鳴によって，鼓膜での音圧は 2 〜 7 kHz の周波数帯域が増幅される。共鳴のピークは2.5 kHz 程度である。

鼓膜の振動は，中耳にある耳小骨と呼ばれる 3 つの骨（鼓膜側から，ツチ骨，キヌタ骨，アブミ骨）を経て，内耳の入口である前庭窓へと伝達される。耳小骨の働きと，鼓膜と前庭窓の面積比によって，空気の固有音響インピーダンスと蝸牛内のリンパ液のそれとのインピーダンス整合が取られる。この中耳による伝達も周波数に依存し，500 Hz〜 4 kHz が増幅される。

内耳は，音の分析を行う蝸牛と，平衡感覚を司る三半規管などからなる。蝸牛は固い骨で覆われ，中はリンパ液が満たされた渦巻状の器官である。渦巻状の管を断面方向に観察すると，前庭膜と基底膜によってリンパ液が分割されている。基底膜は，前庭窓側では固定されているが，蝸牛の奥の蝸牛頂側は固定

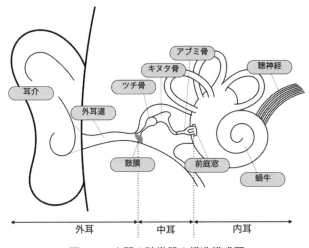

図2.11　人間の聴覚器の構造模式図

されていない。前庭窓に伝えられた音響振動は，リンパ液を介して基底膜の振動へと変換される。その際，基底膜の振動は前庭窓から蝸牛頂への進行波となる。このとき，進行波が最大となる場所は周波数に依存し，高周波の振動は前庭窓側が，低周波の振動は蝸牛頂側が最大となる。

　基底膜には，前庭窓から蝸牛頂に向かって有毛細胞が並んでいる。有毛細胞の毛（聴毛）には蓋膜という器官が接しており，基底膜の振動によって有毛細胞が持ち上げられると，蓋膜との接触で聴毛が曲げられ有毛細胞に電位変化が起こる。有毛細胞には聴神経が接続され，この電位変化（神経インパルス）が脳幹に伝えられる。

2.4.2　年齢による聴覚特性の違い

　人間の聴力は加齢による聴器の退行性変性によって低下する。人間の可聴周波数域が20 Hz〜20 kHz 程度であることを前述したが，これは健康な20歳代の若年者の場合であり，この年齢を越えると，高周波数域から聴力が低下する。

　聴力低下の主な要因は有毛細胞の損傷である。加齢や長期間に渡る騒音曝露によって，聴毛が倒れたり抜けたりするとで，音が知覚されなくなる。蝸牛の中の基底膜の振動は，前庭窓から蝸牛頂への進行波であり，その振幅は，高周波数の音では前庭窓側が，低周波数の音では蝸牛頂側が最大となる。前庭窓に近い有毛細胞は，どのような周波数の音の入力に対しても反応することになるため，高周波数域から聴力低下が起こるのである。この他に，蝸牛のニューロンの減少や消失による聴力低下や，蝸牛内部の振動伝搬障害なども加齢性の聴力低下の要因となる。

　一方で若年者，特に子どもは20 kHz 以上の周波数も聴取できることが分かってきている。20歳前後の大人であっても，24 kHz の純音を110 dB 程度で曝露した場合には，半数近くが音を知覚できるという報告もある。6歳から15歳の被験者を対象として聴覚閾値を測定した研究によると，20 kHz 以上でも半数以上が音を知覚し，90 dB の30 kHz の純音を聞き取れた場合も観察されている。

2.4.3 音の3属性

音の3属性（three attributes of sound）とは，心理的な性質として音が有する3つの属性である「大きさ」「高さ」「音色」のことである。これらと，音の物理的性質の対応関係を見ていく。

⑴ 音の大きさ

音の大きさ（loudness）（ラウドネス）という心理量は，音圧に対応する。「大きさ」と「強さ」は混同されやすいが，音の強さが音圧を測定することによって得られる物理量であるのに対し，音の大きさ，は音から受ける感覚の強さを表す心理量である。一般に，音の大きさは「大きい―小さい」という尺度で表現される1次元的な性質として理解される。Stevensによる一連の研究によって，音圧レベルが最小可聴値より十分に高い場合，音の強さと大きさの関係はべき法則に従うことが示されている。単一の周波数成分を持つ音の場合，音の強さと大きさの関係は，他の多くの心理量と同様に，べき法則に従う。音の大きさをL，音の強さをIとすると，その関係は

$$L \propto I^n$$

で示される。nは音の大きさ固有のべき数であり，1 kHzの純音の場合では$n = 0.3$程度となる。つまり，音圧レベルが10 dB増加するごとに大きさが2倍になる関係にある。

音の大きさと強さの対応関係は，周波数に強く依存する。すなわち，音の強さ（音圧レベル）が同じでも，周波数によって大きさは異なって知覚される。これは聴覚器の各部それぞれが，伝達や共振の固有周波数を持つからである。純音の周波数を変化させ，等しい大きさ（ラウドネス）に知覚される音圧レベルを結ぶと，1本の線が得られる。これを**等ラウドネスレベル曲線**（**図2.12**）と呼ぶ。この曲線から，人間の**聴覚**の感度は，500 Hz〜5 kHz程度の範囲より高い周波数領域，および低い領域で低下していることが分かる。

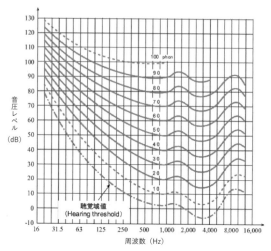

図2.12　等ラウドネスレベル曲線（ISO 226：2003より）

⑵　音の高さ

　音の高さ（tone height）は，音の大きさと同様に 1 次元的な心理的性質であり，主に「高い―低い」という尺度で表現される。純音の場合，高さの感覚はその周波数と対応する。調波複合音（複数の周波数成分で構成され，その周波数が整数比をなす音）の場合は，音の高さは基本周波数と呼ばれる最も周波数の低い成分の周波数に対応する。高さの知覚は主に，基底膜の振動が最大となる場所が周波数によって異なり，それによって興奮する聴神経の場所と周波数との対応関係で決定される。また，神経インパルスの時間情報も高さの知覚に利用されている。

　このような周波数と高さの対応関係は可聴周波数域全体に渡るものであるが，4 〜 5 kHz 以上の帯域では高さの弁別が悪化したり，複合音の高さが知覚されなくなったりする現象が報告されている。一般的なピアノの最高音（C 7 ）の基本周波数が約4.2 kHz であることを考えると，通常の楽曲で使われる音がこの周波数範囲にあることが納得できる。日常的に聴取し経験する音の範囲においては，高さは周波数と対応するという比較的単純な対応関係にあるといえよう。

⑶ 音色

　異なる 2 つの楽器の音を聞いた際，同じ大きさ，同じ高さの音であってもなお異なった音であると感じられる。この違いを音色（timbre）と呼ぶ。しかし，我々は大きさも高さも異なる 2 つの楽器の音を聞いた場合においても，大きさの違い，高さの違いと同時に，音色の違いを感じ取ることができる。音から受け取る聴感上の印象から，大きさと高さを除いた残りを音色と呼ぶと考えて良い。

　音色には，「明るい音」「柔らかな音」などのように，形容詞や形容動詞を用いて表現できる心理的特徴がある。これは音色の印象的側面と呼ばれる。この性質は，「明るさ」「きれいさ」「豊かさ」など，いくつかの独立的な性質から構成され，多次元的である。1960年代以降の数多くの研究によって，その性質は 3 ないしは 4 の独立した因子（音色因子）に集約されることが示されている。代表的な因子は，美的因子，金属性因子，迫力因子と呼ばれることが一般的である（**図2.13**）。各音色因子の特徴は，物理的な音響特性と対応づけることができる。金属性因子は主にスペクトル構造，特に周波数軸上の成分の分布

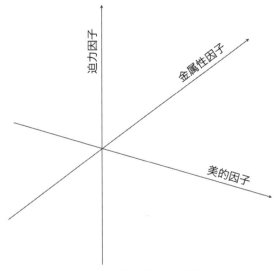

図2.13　代表的な音色因子

と対応する。美的因子は主に周波数軸上での成分の密度や，成分音の調波関係と対応する。迫力因子は主に音量や低周波数域の成分割合などが対応する。この他にも，立ち上がりや減衰の時間特性，定常部の変動，ノイズ成分の有無など，さまざまな物理的性質が音色の違いを生じさせる。

　我々は音色によって，音を聞いて何の音か，どのような状態かを理解することができる。このような性質を音色の識別的側面という。この識別は，ある程度大まかな括りのカテゴリーとして音色の音響的特徴の類似性を識別していると考えられる。異なる話者の「あ・い・う・え・お」という母音を，それぞれ同じ母音として識別できることも，電話先の知人が風邪をひいて声が枯れていてもその人であると識別できるのも，この識別性の能力による。

2.4.4　音による空間の認識

　人間は左右一対の耳を持つ。片側の耳だけでもさまざまな音響情報を良好に受聴できるが，両耳を用いると，聴覚系が左右の耳に入ってくる情報の相互差異に反映される付加情報を利用できる。

　水平面上での音の定位は，音源から左右の耳への距離がわずかに異なることによる時間差と，音圧差によって判断される（**図2.14**）。左右の耳の音の到来時間差は両耳時間差（interaural time difference：ITD），音圧差は両耳間レベル差（interaural level difference：ILD）という。ITD がない場合には正面に定位し，ITD が大きくなるほど先行する耳の側に音源があるように感じられる。ILD が10 dB 程度までは，音圧が強く到達する耳の側に音源があるように感じられる。ITD と ILD の間にはトレードオフの関係があり，例えば時間差によって右側に定位した音に対して，左耳の音圧レベルを上昇させることによって，中央に定位を戻すことができる。

　前後や上下方向といった正中面（頭を前後方向に切る平面）の定位は，水平面に対して曖昧である。人間の両耳は正中面では同じ位置にあるため，両耳の時間差やレベル差を手がかりとできないためである。

　我々が生活する環境では，同時にいくつもの出来事が進行し，伴っていくつ

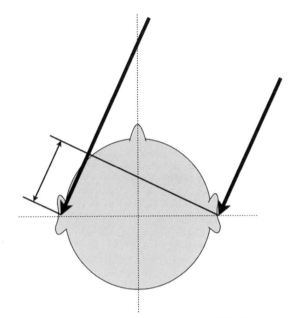

図2.14 音源から左右の耳への経路差

もの音事象が耳に届く。それらは混合されたひとつの音波となり，左右それぞれの耳に到達する。我々は，そこから個々の音像を分離して，周囲の聴覚的な情景（scene）を知覚する。このような過程を**聴覚情景分析**（**auditory scene analysis**）という。そこでは，音源の定位だけでなく，周波数成分のまとまりや調波関係，時間的なまとまり，共変調（周波数や音圧が同じように時間変動すること）などを手がかりとして，音像を分離する。

両耳がもたらす情報は，各音事象の性質や状態だけではない。場所の拡がり感や，音に包まれた感じなど，音が鳴っている場の**空間情報**も伝えてくれる。例えば，両耳に入ってくる音圧波形の類似度によって音の拡がり感を見積もることができる。

このように我々は，2つの耳に入ってくる音波から豊かな空間情報を知覚している。このような能力は，視認できない方向から外敵が襲来したり，身の危

険に繋がる出来事が起こった場合に，音によって方向が分かることは身を守る
ために非常に重要である。人間をはじめとする哺乳類が生き延びるために身に
つけた能力であろう。逆に，両耳に到達する音を制御することで，人工的に環
境を生成して知覚させることもできる。ステレオやサラウンドシステムでの音
楽再生などが身近な例である。

2.4.5　音の人体への影響

　人間がある音量以上の音に長時間曝露されると，一過性あるいは永久性の**騒
音性難聴**が生じる。騒音については後述するが，騒音性難聴の原因となるのは
「**騒音**」（noise）だけではない。楽しみとして聴いている**音楽**によって生じる
場合もある。大音量のコンサートや，ヘッドホンオーディオでの長時間曝露が
原因となることもある。

　音の影響は，聴覚以外の人体にも現れる。聴覚系での処理を経た音の情報が
大脳皮質などに到達すると，音によっては不快感や怒りなどの情動反応を誘発
し，同時に人体の内分泌系や免疫系などにおいてストレス反応を生じさせる。
例えば，110 dB のノイズをストレス刺激として被験者を曝露すると，心拍数の
増加，交感神経系の興奮，免疫グロブリン A の増加などの生体防御系の作動が
示されたという報告がある。日常生活で曝されるような騒音についても，長期
に渡る**騒音曝露**と高血圧の関連について多くの報告がある。空港周辺の住民の
血圧に関する疫学調査では，高レベルの航空機騒音に曝露されている群では高
血圧者の比率が高いことが報告されている。世界保健機構（world health orga-
nization : WHO）による「環境騒音ガイドライン」では，航空機騒音や道路交通
騒音の長期間曝露による心臓血管系への影響について指摘され，24時間の平均
騒音レベルが65 dB 以上の地域で虚血性心疾患が増加することが示されている。

2.4.6　大きな騒音・小さな騒音

　音はさまざまな形で音環境を形成し，人間の生活と関わる。騒音の問題は人
類の発展とともに顕在化してきたといえる。

　騒音とは,「不快で好ましくない音」として定義される。つまり, 邪魔になると見なされる音は全て騒音となり得るわけであり, どんな音でも騒音になる可能性がある。例えば一般的に音楽の要素と位置付けられるピアノの演奏音であっても, 状況や聴取者の状態によっては騒音となる。何が騒音であるかは, 音圧や周波数による物理的基準だけで決定できるものではない。

　ただし, ある程度を超えると大きな音は, 騒音と見なされる場合が多い。前述のように, 大音量に長時間曝露されると人体にさまざまな影響を及ぼす。そのため, 一般的には, 音量の大きな音が騒音と見なされ, その音量を制限することで対策される。我が国では, 生活環境を保全するために達成すべき行政目標として, 騒音に関する環境基準が定められている。その基準レベルは**表2.1**にあるとおり, 地域類型ごとに昼間（6：00〜22：00）と夜間（22：00〜6：00）の別で定められる。多くの住民が関係するAおよびB地域では, 夜間の基準値は45 dBとなっている。

　一方, 近年の技術進展に伴う新しい騒音問題として,「小さな音」の問題も挙げられる。電気自動車やハイブリッド自動車などの電動自動車は, 従来の内

表2.1　騒音に係る環境基準（環境基本法第16条）

地域の類型	基準値	
	昼間（6：00〜22：00）	夜間（22：00〜6：00）
AA	50 dB 以下	40 dB 以下
AおよびB	55 dB 以下	45 dB 以下
C	60 dB 以下	50 dB 以下

（注）1. 時間の区分は, 昼間を午前6時から午後10時までの間とし, 夜間を午後10時から翌日の午前6時までの間とする。
　　　2. AAを当てはめる地域は, 療養施設, 社会福祉施設などが集合して設置される地域など特に静穏を要する地域とする。
　　　3. Aを当てはめる地域は, 専ら住居の用に供される地域とする。
　　　4. Bを当てはめる地域は, 主として住居の用に供される地域とする。
　　　5. Cを当てはめる地域は, 相当数の住居と併せて商業, 工業などの用に供される地域とする。

燃機関自動車と比べて駆動系由来の音が小さい。その静粛性は道路交通騒音対策の観点では歓迎されるものである一方で，その静粛性ゆえに歩行者が車両の接近に気づきにくく危険であるとの指摘がある。そのため，車両に設置したスピーカーから車両接近通報音を発生させることで車両の接近などを知らせる対策が検討されている。電動自動車の静音性は，車室内でも意外な課題を生んでいる。駆動系騒音の低減によって，これまでの自動車ではエンジン音によってマスクされていた補機類の音が顕在化し，騒音と指摘されるようになったのだ。住環境においても，近年は集合住宅の遮音性が向上したことで，空調機稼働音や給排水の流水音が相対的に大きな存在となり，騒音として指摘されることも出てきている。

2.4.7　音環境の認識と評価

　音が人間に与えるネガティブな影響として騒音がある。一方で，ポジティブな利用として，音声コミュニケーションや音楽が挙げられるだろう。ところで，音楽と騒音の違いは何であろうか？本節の最後に，音楽と騒音の境界から音環境評価の視点を紹介したい。

　20世紀以降の音楽史として楽音と騒音の境界が取り払われる流れがあり，その結実として**サウンドスケープ**（**soundscape**）という概念が生まれ，音環境設計に新たな視点が与えられた。楽器によって奏でられる音によって構成されたものが音楽であるということに，異議はないと思われる。しかし，それだけが音楽ということではない。19世紀末から20世紀にかけての西洋音楽史の潮流の中で，音楽の存在する場所と音楽の素材となる音が拡大された。ついには，いわゆる楽器とされるもの以外の音や，偶発的に構成された音列もまた，音楽の構成要素となった。「楽音」と「騒音」の二項対立の図式が打ち破られたのだ。その流れの先の必然として，サウンドスケープの概念が登場した。

　サウンドスケープの概念の特徴のひとつとして，音をめぐる要素主義からの脱却が挙げられる。音をバラバラに切り離して捉えるのではなく，個人あるいは社会によってどのように知覚され，理解されるかに重きを置いて音環境を捉

えようとする考え方である。

　人間が音を知覚し，周囲の環境を認識する過程は，非常に繊細で複雑である。物理的には同じ音波であっても，聴く人の立場や価値観によって，また音源側と受音側の社会的関係によって，騒音となったりならなかったりする。換言すれば，音環境の評価や設計のためには，物理的・工学的な制御だけでなく，心理的・社会的要因の理解，さらには社会的・文化的な影響の評価まで，総合的な視野に立った対策が不可欠である。

引用・参考文献

1）岩宮眞一郎：音と音楽の科学，技術評論社，2020.
2）人工環境デザインハンドブック編集委員会：人工環境デザインハンドブック，丸善，2007.
3）日本音響学会編：音響キーワードブック，コロナ社，2016.
4）山内勝也：次世代自動車の静音性に関する音デザイン課題，音響学会誌，73(1)，pp. 21-24，2017.

2.5　酸素への適応

┌─ □キーワード ─────────────────────────
│　ミトコンドリア，シトクローム酸化酵素，アデノシン三リン酸，活性酸素，スーパーオキサイド，電子伝達系，酸素分圧，酸素解離曲線，酸素飽和度，ヘモグロビン，低酸素，低酸素換気応答，末梢化学受容器，中枢性化学受容器，高酸素，肺酸素中毒，脳酸素中毒，ブラックアウト
└──────────────────────────────────

2.5.1　酸素の誕生

　地球では，20％を超える高濃度の酸素大気が維持され，高等動物を含む多様な生命を育んでいる惑星に成長した。この一因として酸素発生型光合成を行う生物の誕生，進化，繁栄が大きく貢献している。

　まだ酸素が十分でない20億年前から生物は，**ミトコンドリア（mitochondria）** を持つようになり，微量の酸素の有効な利用を目的として，**シトクローム酸化酵素（cytochrome oxidase）** の親和性を維持するために，血管系を発達させた[1]。好気生物では身体が大型化し身体の隅々まで酸素を運ぶ酸素輸送系が進化した。酸素は赤血球の**ヘモグロビン（hemoglobin）** と結合し血管内を移動し，組織に供給される。組織のミトコンドリア内では，シトクローム酸化酵素と酸素が結合する**電子伝達系（electron transport chain）** で大量の**アデノシン三リン酸（adenosine triphosphate：ATP）** を獲得できるようになった[2]。一方で，細胞では酸素から**活性酸素（reactive oxygen species：ROS）** と呼ばれるラジカル種，**スーパーオキサイド（superoxide：O_{2-}）** や水酸ラジカル（・OH），過酸化水素（H_2O_2）が作られる。これらの活性酸素である酸素毒素に対する防衛機構システムとしてスーパオキシドジスムターゼ（SOD）やカタラーゼが除去酵素系として準備された。酸素の誕生は，酸素毒素の除去としての酵素分子システムと ATP 産生を行うミトコンドリアを同時に進化させ，その過程で他の生物が所有することになった[1]。

2.5.2　酸素と生体

　大気中の**酸素分圧（partial O_2 pressure：PO_2）** は約159 mmHg であり，肺胞気では100 mmHg となるが肺毛細血管に短絡（シャント）の影響が若干あって，動脈血酸素分圧（PaO_2）は95〜97 mmHg と100 mmHg をやや下回る。その後，細動脈から毛細血管を経過して組織内酸素分圧までには30 mmHg 以下になる。このように酸素分圧（PO_2）が徐々に低下し，心臓からの酸素供給が臓器から組織レベルまでの過程において酸素の抜き取りが進行していく。これを酸素カスケード（O_2 cascade）といい，最大運動時では骨格筋 PO_2 がほぼ 0 mmHg 付近であることは間接的に立証されている[3]。

　このような酸素カスケードは**酸素解離曲線（oxygen dissociation curve）** と密接に関連している。酸素解離曲線とは PO_2 に対する**酸素飽和度（oxygen suturation：SpO_2）** との関係を示す曲線である。**図2.15**にあるように PO_2 が徐々

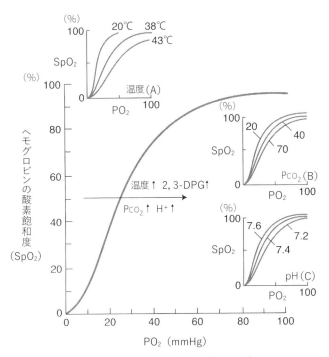

図2.15 酸素解離曲線と影響因子[4]

温度（A），二酸化炭素分圧（Pco$_2$）(B)，pH（H$^+$）(C)，2 - 3 DPG の上昇で，酸素解離曲線が右方移動する。SpO$_2$：酸素飽和度

に低下しても100 mmHg から60 mmHg までは SpO$_2$は大きな変化がない[4]。つまり，PO$_2$が低下してもヘモグロビンから酸素が解離しにくい状況である。しかし，PO$_2$が50 mmHg よりさらに低下すると急激に SpO$_2$が低下し，酸素の解離が起こる。このように PO$_2$が50 mmHg 以下になると急激な酸素の解離が起こって，組織への円滑な酸素供給が維持される。また，この解離曲線は体温，pH，および CO$_2$の影響を受ける。体温の上昇，CO$_2$の増大，pH の低下はこの曲線を右方シフトさせる（**図2.15**）。例えば，運動ストレスはこれらいずれにも当てはまり，酸素解離曲線を右方シフトし，高い PO$_2$でも酸素を解離しやすい生体内環境を作っている。つまり，運動時の活動筋への酸素供給をより多く

行える状況をつくりだしている[4]。

　例えば，1気圧の環境であれば，PaO_2が100 mmHg，静脈血酸素分圧（PvO_2）が40 mmHg としたとき，SpO_2の低下は約22％となる。高地の0.5気圧まで減圧する高度5,500 m では，PaO_2は45 mmHg であり，同じ22％の酸素が解離すれば，PvO_2は26 mmHg と PO_2の変化は約20 mmHg でよい。このように気圧が低い高地であっても，酸素解離曲線がS字カーブの特性があることから，狭い PO_2の変化でも酸素が十分ヘモグロビンから解離できるので5,000 m級の高地でもヒトは十分滞在できる。さらに，高地での環境適応から換気量の増大や解糖系の中間産物である 2,3-DPG の産生が増えて，ヘモグロビン産生を促進する。このように相乗的に酸素運搬能力が亢進する。このような効果も高地環境での長期滞在を可能とする。

2.5.3　低圧低酸素（高地）への適応

　高地環境では高度の上昇とともに気圧が低下するので，吸入酸素分圧（PO_2）は低下する。これが低酸素環境であり，アンデスやチベットのような

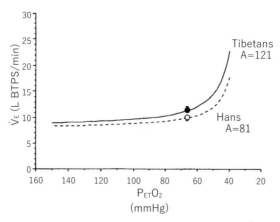

図2.16　低酸素換気応答（HVR）の高地馴化[5]

チベット民族（Tibetans）はハン民族（Hans）に比べて高い低酸素換気感受性を示した。
3,658 m 高地での安静時換気量（$\dot{V}_E$）においてもチベット民族の方がより高かった。

高地で居住する民族は慢性的な低酸素環境下での生活を営んでいる。このような環境で生まれてから定住している高地住人は慢性的な低酸素に対する換気応答が獲得されている。例えば，チベット地方で定住しているチベット民族の低酸素換気応答は，平地で生まれてその後高地に居住したヒトに比べて低酸素に対する感受性が高く，安静時の換気量（$\dot{V}_E$）も高いことが知られている（**図2.16**）[5]。民族の遺伝的背景もあるが，低圧低酸素環境に適するために，彼らは少ない酸素を効率よく取り込むために換気量を多くすることで代償していると考えられる。それでは，低酸素に対する感受性を高くし，換気量を多くする仕組みはどこにあるのか。

2.5.4　低酸素と呼吸

　生命維持として，体内の酸素レベル，PaO_2を維持することは重要である。すなわち，体内酸素レベルが低下すると，脳内の呼吸リズム中枢機構は$\dot{V}_E$を増やし，酸素摂取量を増やそうとする。低酸素環境における呼吸調節とは，一般に**低酸素換気応答**（**hypoxic ventilatory response**：HVR）と称され，換気亢進メカニズムと換気抑制メカニズムの総合的な結果として現れる。HVR に関わる 3 カ所の機能について説明する。

(1)　呼吸中枢と脳幹

　呼吸リズムを形成する呼吸中枢は脳幹の延髄と橋に位置する。呼吸中枢は，化学受容器，肺やその他の受容器，大脳皮質から修飾をうけ，統合された神経情報をもとに横隔膜の呼吸筋を刺激し，肺におけるガス交換が活発に行われる。また，安静時において 1 分間に15回の呼吸を規則的にしている。これは脳幹にある呼吸中枢と呼ばれる部分が呼吸のリズムをコントロールしているからである。まず，延髄には吸気運動を促す吸気ニューロンと呼気を促す呼気ニューロンが存在する。吸気中枢または背側呼吸群（DRG）は吸気ニューロンからなり，呼気中枢または腹側呼吸群（VRG）は吸気と呼気ニューロンからなっている[6]。しかし，これらのニューロン群だけでは呼吸リズムは発生し

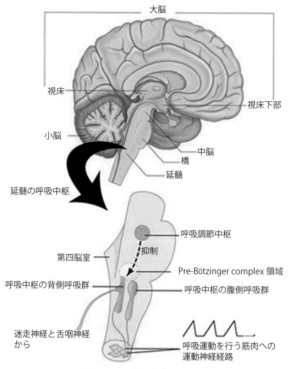

図2.17　呼吸中枢の概略図

ない。Pre-Bötzinger コンプレックスと呼ばれる部分が自発的な呼吸リズムを形成していると考えられている（ペースメーカー説）。また，橋には呼吸調節中枢と無呼吸中枢と呼ばれる部分もあり，延髄の呼吸中枢に刺激を送り，呼吸リズムを修飾する（**図2.17**）。

⑵　末梢化学受容器

　背側呼吸群には舌咽神経や迷走神経が連絡し，総頸動脈の分岐部にある頸動脈体と大動脈弓の上下にある大動脈小体といった末梢化学受容器（peripheral chemoreceptor）からの修飾を受ける[4]。末梢化学受容器はタイプ I とタイプ II の 2 種類のグロムス細胞からなり，血流の豊富な毛細血管が隣接し，血中の

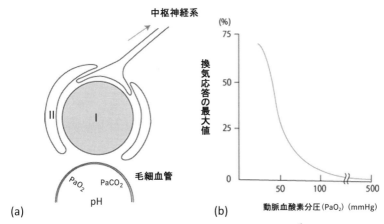

図2.18　頸動脈体を介した低酸素換気応答[4]

(a)　頸動脈体はタイプ I, タイプ II 細胞と隣接している舌咽神経からなり，毛細血管が多く豊富な血流を確保している。

(b)　PaO_2と換気応答は双曲線を示し，PaO_2が50 mmHg を下回った頃から急激に増大する。

PaO_2，二酸化炭素分圧（$PaCO_2$），pH の変化に反応する（**図2.18(a)**）。PaO_2が100 mmHg までは舌咽神経活動がほとんど見られないが，PaO_2がさらに低下し50 mmHg 付近から急激に反応する。従って，PaO_2と呼吸応答は直線関係にはなく双曲線にて酸素感受性を評価する（**図2.18(b)**）。**図2.16**は末梢化学受容器を介した HVR と解釈できる。一方，$PaCO_2$と換気応答との関係はほぼ直線関係になっている。

(3)　中枢性化学受容器

　中枢性化学受容器（central chemoreceptor）は，延髄腹側表面から200 μm 下方にあり，細胞外液に囲まれている。CO_2は脳の血管から脳髄液まで容易に拡散できる。その結果，脳脊髄液の pH を低下させ，化学受容器を刺激する。血中の水素イオンと重炭酸イオンは血液脳関門を容易に通過できない。従って，中枢性化学受容器は $PaCO_2$の変化に起因する脳脊髄液の pH の変化に反応する。また，神経インパルスは吻側延髄腹外側に投射し，末梢化学受容器からの

入力とも統合されて，呼吸リズム形成機構への持続的な刺激として入力している。

2.5.5　高圧高酸素（潜水）への適応

　潜水のような高圧環境では，物理的な圧刺激に比例して酸素分圧が高くなる。1気圧環境（1 atm＝760 mmHg）では大気中の酸素濃度は21%なので，159 mmHg となるが，水深10 m，20 m と10 m ごとに1気圧上昇するため，吸入酸素分圧は319 mmHg，477 mmHg と明らかに高酸素環境となる。1気圧下の酸素濃度に換算するとそれぞれ，42%，63%となる。長時間潜水（水中居住）の高酸素障害を考えると，酸素分圧は137〜228 mmHg（気圧換算で0.18〜0.30 atm）が適正とされているが，これ以上の高酸素環境に曝露されると酸素中毒を発症する。酸素中毒には2種類あり，肺酸素中毒（pulmonary oxygen toxicity）と脳酸素中毒（brain oxygen toxicity）がある。さらに，フィンやシュノーケリングを使わず，スキンダイビング時に起きる症状としてブラックアウト現象（blackout）がある[7]。

(1)　肺酸素中毒

　肺酸素中毒は，酸素分圧0.5 atm（380 mmHg）以上に曝露された場合に起こる。肺で発症する症状として炎症作用，肺胞壁の肥厚，肺胞毛細血管膜の破壊，ガス交換の障害，肺うっ血，肺水腫などがある。その原因として，高酸素曝露で活性酸素（reactive oxygen species：ROS）が大量に産生され，それを消去する機構（SOD やカタラーゼ）が ROS の産生速度に追いつけなくなるためと考えられている。この ROS の中でミトコンドリアの電子伝達系からリークするスーパーオキサイド（O_2^-）が高酸素曝露で増加することが主要因とされているが，細胞内の電子輸送体である NADPH オキシターゼ系からの ROS 産生も指摘されている。

⑵　脳酸素中毒

　酸素分圧が3.0 atm 以上で起こるけいれん発作で，ポール・ベール効果（Paul Bert effect）ともいう。最も典型的なものとしては，てんかんがある。この他に，吐き気，嘔吐，不安感，視覚異常がある。脳波では徐波化が見られる。つまり，脳波上で異常が発生し，脳で制御されている筋肉や意識の異常である痙攣や失神を起こすとされているが，高圧酸素が神経性の何をトリガーとして痙攣発作を引き起こすか発症メカニズムは明らかでない。

⑶　ブラックアウト

　素潜りでは呼吸を我慢して潜水する。潜水している状況では，呼吸を止めているので PO_2 が低下し，PCO_2 が上昇する。比較的浅海（水深10 m）からでも浮上するときに発症する場合が多い。潜水時は水圧が上がって酸素分圧が上がるが，浮上すると水圧が減少するので潜水で低くなった酸素分圧（組織圧とともに）はさらに下降するので意識を失ってしまう。スキンダイビングをする際は，無理せず上がってくる時間も考慮して余裕を持って行動することが大事である。

2.5.6　おわりに

　酸素が地球上に誕生して，生物はミトコンドリアを持つようになり，酸素と結合するシトクローム酸化酵素の存在は血管と血液中のヘモグロビンを進化させた。その過程において組織のミトコンドリア内の電子伝達系で大量の ATP を獲得し，同時に酸素毒に対する防御機構を備えていった。

　低圧による低酸素環境では，酸素解離曲線の特異性を利用して5,000 m の高地でも居住できる能力を有し，長期滞在によって低地居住者とは異なる赤血球の増殖や活発な換気亢進を誘発している。

　潜水による高圧高酸素環境では，**高酸素（hyperoxia）**による障害を誘発する。高酸素では活性酸素が大量に産生されスーパーオキサイドが，肺毛細血管膜の破壊や肺胞壁の肥厚，肺水腫を誘発する。さらに3 atm を超えた酸素分圧

になると神経性障害を誘発する。このような症状は潜水作業時には注意が必要であるが，一般的な素潜りでもブラックアウトの注意が必要である。

　酸素は生物の進化と深く関わり，低酸素に対して生体は適応するが，高酸素に対して生体は種々の障害を発生する。

引用・参考文献

1）酸素ダイナミクス研究会：からだの酸素の事典，朝倉書店，2009.
2）前野正夫，磯野桂太郎：はじめての一歩のイラスト生化学・分子生物学　第2版，羊土社，2010.
3）Wagner PD.：Gas exchange and peripheral diffusion limitation, Med Sci Sports Exerc, 24, 54-58, 1992.
4）West John B，桑原一郎（訳）：ウエスト呼吸生理学入門　正常肺編，メディカルサイエンス・インターナショナル，2009.
5）Zhuang J, Droma T, Sun S, Janes C, McCullough RE, McCullough RG, Cymerman A, Huang SY, Reeves JT, Moore LG.：Hypoxic ventilatory responsiveness in Tibetan compared with Han residents of 3,658m. J Appl Physiol, 74, 303-311, 1993.
6）木山博資，遠山正彌（編）：人体の解剖生理学　第2版，金芳堂，2017.
7）池田知純：潜水医学入門，大修館書店，1995.

2.6　生活環境への適応と課題

┌─□キーワード ─────────────────────
│　自然環境，人工環境，温熱環境，体温調節機能，文化的適応，快，不快，適応的行動
└──────────────────────────────

2.6.1　人類の生活環境

　人類はその進化の過程において，さまざまな**自然環境（natural environment）**の中で生活してきた。熱帯雨林からサバンナに生息地域を広げ，そして砂漠を渡り，山脈を越え，北極圏すらも通り越えて，今や地球上のあらゆる地上に生息地を広げてきたのである。我々人類が，このような厳しい自然環境

を生き抜いてきたということは，そのような自然環境に対して適応しうる能力を持っているということができる。つまり，酷暑や極寒などの**温熱環境**（**thermal environment**）やチベットなどの高地のような低圧低酸素環境に対して適応してきたのである。環境に対する人類の適応の手段として，文化的，遺伝的，生理的なものがある。生理的適応（physiological adaptation）は，血液循環，呼吸，代謝などの生理機能によって調節されるホメオスタシスを目的としており，その詳細は他の項で触れられているのでここでは割愛する。遺伝的適応（genetic adaptation）の例として，寒い気候では四肢のような体幹部からの突出部が小さくなるアレンの法則（Allen's rule）や身長に対する体重比が大きくなるベルグマンの法則（Bergmann's rule）が挙げられる。これらの法則は，体重に対する体表面積が小さい身体，すなわち蓄熱しやすく放熱しにくい身体を持つことで，寒い気候に対して遺伝的に適応したことを示している。また，高緯度地域で肌の色や虹彩色が薄くなることも，紫外線や日射量に対する遺伝的適応（genetic adaptaion）の例である。**文化的適応**（**cultural adaptation**）は，火の使用や道具（住居や衣服も含む）を創る技術とその使用などの「文化」によるものであり，多くは生理的負担を軽減することで環境への適応を容易にするものである。

　文化的な適応に関して，人類の生活環境として住居と採暖について考えてみよう。古くは火を使用することで暖を採り，洞穴での生活で風雨をしのいできた。その後，竪穴式や高床式などの住居を建造する技術を持ち，暖を採る方策も焚き火から火鉢，そして石油を使用した暖房器具へと変化していった。現在では，空調設備が整っている高気密高断熱住宅に住んでおり，室内にいる限り「暑い」や「寒い」と感じることなく快適に生活できているといえるだろう。つまり人類は自らの生活環境を創り出すことで，その生活環境をより安全で快適なものへと変化させ，厳しい自然環境に対して文化的に適応してきたのである。

　このように人類の生活環境は科学技術の発達とともに大きく変遷してきた。多くの時間をかけて自然環境に適応した身体と機能を持つ人類は，現代の人工

環境に適応しているのであろうか？

2.6.2　快を求める人類

　我々は腐った食べ物を口にしようとするときには匂いを嗅いだり，少し味見をしたりして，それが不味く「**不快**」（discomfort）であったならば迷わず吐き出す。「怒り」を感じる場面ではその対象を排除しようと「闘争」し，「恐怖」を感じたら「逃走」する。怒りや恐怖は不快情動であり，闘争や逃走の行動によって「不快」を排除・回避し，「安堵」という快情動が得られる。一方，食欲を満たすために食物を食し，その結果満足感（いわゆる「**快**」（comfort））を得ることができるし，食べたものが美味しければより大きな「快」を感じ，それを食べ続けたくなる。このように，不快（もしくは罰）を避け，快（もしくは報酬）を強く求めてきたことが，生き延びるための**適応的行動**（**adaptive behavior**）を誘導し，結果として人類の繁栄に繋がっている。

　人類は，自らが「快」を得るために環境すらも変えてきた。我々は，自然環境の下では制御できなかった気温や湿度などの温熱環境を，住宅や空調設備によって 1 年中温和な範囲に制御することができるようになった。また，昼は太陽光で明るく夜は月明かり程度で暗いものであった自然の光環境を，照明技術の開発によって夜も明るい環境にした。このような**人工環境**（**artificial environment**）は，我々が安全さや便利さといった「快」を求めた結果であろう。

　それでは，本能のままに「快」を求め続けることで，未来永劫，人類は繁栄し続けるのだろうか？

　高齢者を対象に，寒冷環境下での床温度の影響をみた研究がある。その研究によると，寒冷環境で床温が高いほど足背部（足の甲）の皮膚温は高く維持でき，心理的にも低い床温条件よりも快適に感じていた。この結果からだけだと，高い床温度によって体が暖められたので快適度が向上したと捉えることができる。しかし，同時に，加温されている足部以外の部位（例えば膝や前腕など）の皮膚温は他の床温度条件と比較して有意に低くなり，収縮期血圧も有意に高い値を示していた。このとき身体内で起こっていた反応を考えてみよう。

加温部位およびその周辺部位の皮膚温が高くなったが，全身が曝されている気温は同じなので，核心温保持のために加温部位以外の皮膚表面からの熱放散量を抑制する必要性が生じた。つまり，加温部位以外の部位で皮膚血管がより収縮してその結果皮膚温が下がり，血圧が上昇したことが考えられる。つまり，「快」という心理状態と血圧などの生理状態にギャップが生じてしまっている。

　心理と生理のギャップを生じさせていた別の研究例を紹介しよう。以前，ある学会で，室内空気中に微量のメンソールを付加し人に冷涼感を感じさせることで不快感を減弱させることができ，その結果室内気温を少し上げることが可能となり，夏のエネルギー削減（省エネ）に寄与するといった内容の研究発表があった。一見，省エネと人の快適性を両立させた良い案のように思えるが，果たして本当に良い環境なのだろうか。皮膚の温度受容器（thermoreceptor）として働いている TRPM 8 というイオン透過チャネルがある。この TRPM 8 は，25〜28℃以下になると活性化して冷受容器として働く[1]。また，この TRPM 8 は冷涼感を感じさせるメンソールにも反応することが知られている。上述の研究例では，多少暑くてもメンソールによって TRPM 8 を活性化させることで冷涼感が惹起され，不快感を減弱するので，省エネに寄与することがいえるだろう。しかし多少暑く不快に感じていた気温は人にとって生理的負担の高い気温である。通常であれば，「暑い」という情報が体温調節中枢に伝達されて，熱放散の促進反応である皮膚血管の拡張や発汗が起こる。しかし，冷涼感を感じている環境では「暑い」という情報は体温調節中枢に伝達されておらず，恐らく血管拡張や発汗は惹起されない。それどころか「涼しい」という冷涼感によって熱放散の抑制反応である血管収縮が生じる。その結果，体内に熱がこもり熱中症にもなる可能性が生じてしまう。

　このように心理的には「快」と感じていても生理的には負担が増大したり危険な状態となったりするなど，心理と生理にギャップが生じることが多々ある。このような状況において，心理と生理のどちらにあわせて環境を制御するのが良いかはいうまでもない。

2.6.3　理想の室内環境とは何か？

生理的負担が少ないことと心理的な快適性を両立できる環境は人類にとって良い環境なのであろうか？

暑熱環境は，入院患者や一見健康そうに見えても熱中症や重大な疾患の既往歴のある者にとって，不快であるばかりか危険なものにさえなる。また，寒冷環境は，心臓病，高血圧，末梢血管疾患，呼吸器疾患などの疾患を有する者にとって，危険な環境である。この他高齢者，肥満者，妊婦，体力の劣る者にとっても，暑熱環境は熱中症を，寒冷環境は低体温症を誘発する要因となり，加えて急激な温度差も生体負担をもたらす。このような人たちにはなるべく生体への負担が軽い温熱環境である至適温度範囲内の室温制御が，安心や安全性を与え，疾病の予防にも繋がる。

一方で，冷暖房で温和な気温に制御された生理的負担の小さな居室内で24時間365日生活することは，成人や成長過程にある子どもにとって，あるいは一生涯という時間軸で考えた場合に，果たして良いのであろうか？そもそも人類はさまざまな環境に適応する能力を有する。つまり適応性が高い動物といえる。この高い適応性が厄介なのである。ロックフェラー大学教授だった René Jules Dubos（1901-1982）はその著書の中で次のように記している。

「適応についての問題の中で最も面倒なことは，矛盾したことではあるが，人間がこんなにも適応的である事実である。この適応性こそが，やがては人間生活に最も特異的な価値を破壊してしまうような条件や習慣に，人間が調整することを可能にしたのである」[2]

人類は高い適応性を有しているがために生理負担の少ない環境にまで適応してしまい，発揮していた関連する器官や機能を萎縮した状態に調整してしまうというのである。"快適な"温度環境は，さまざまな**体温調節機能**（**thermoregulatory function**）を発揮することなく体温調節が可能となる環境である。血管の収縮や拡張といった熱放散を調節する機能，発汗機能，熱産生機能を発揮する必要がないためにそれらの機能の低下を引き起こすことは容易に予想できる。つまり，快適空間によって環境適応能が劣化してしまうのである。

　また，Dubos は別の著書の中で次のようにも記している。

　「現代では，空気調整装置のおかげで，地球上至るところで，宇宙船のなかにまでも，年中亜熱帯気温を保つような人為的環境を作り出すことが可能である。しかし，原始人は進化の発達段階を通じてずっと，差異の明らかな昼夜および四季の温度変化に身をさらしていたことを考えると，私たちが住いや職場の温度を常に華氏七二度～七五度（摂氏約二二度～二四度）に保つのは，生物学的に不健康であるかもしれない。本当に望ましい空気調節方式というのは，恐らく昼夜および四季の変化のあるように計画すべきものであろう」[3]

　Dubos は，冷暖房の使用による現代人の温度感受性の低下を予言しつつ，ある程度の刺激は器官や機能の発達に繋がることを基盤とした望ましい空調方式をも提案していたのである。つまり，ほどよい生理的負担をもたらす環境で生活することは，環境適応能の劣化を防ぐことにも繋がり，より健康的に生活できる事に繋がる。真の意味での快適かつ健康的な生活環境は人間の環境適応能を保持・向上しうる空間であることに他ならない。

2.6.4　おわりに

　人間が他の動物と異なる特徴のひとつに，人間は単に現在を生きているだけではなく，過去から現在までの知識を基盤として未来のために行動することができるということがある。つまり，未来の人類のために現在の人工的な生活環境を構築できるのである。人類にとっての良い生活環境とは，温度環境について例えると，暑くも寒くもない環境ではなく，暑くても寒くても平然として生活しうる能力を養うことができる環境，すなわち人間の潜在的な環境適応能を引き出すことができる環境である。ゆえに，単に病気，苦痛，危険を回避するだけでなく，また，不快の回避や快だけを求めるのでもなく，人間の生理的な潜在能力（potential ability）を開発し，あるいは潜在能力を引き出しうる生活環境を創造することが生理人類学の果たす役割である。

参考文献

1）富永真琴：日本薬理学雑誌，Vol. 124，No. 3，2004.

2）ルネ・デュボス（木原弘二訳）：人間と適応―生物学と医療―　第 2 版，みすず書房，1982.

3）ルネ・デュボス（長野敬・新村朋美訳）：内なる神―人間・風土・文化―，蒼樹書房，1974.

Chapter 3

人の日常行動と課題

3.0　人の日常行動と課題

　第2章では，ヒトが重力，光，温度などの物理的環境要因にいかにして適応し，それによってヒトのどのような特徴を備えることができたかを学んだ。このような生物学的特徴は，環境と人の行動との相互作用と，さまざまな選択圧のもとで遺伝的変化を伴いながら，狩猟採集時代という万年単位の時間をかけて獲得されたものである。

　本章で取りあげる行動は，生きていく上で必須の行動である，服をまとう，食べる，寝る，働く，運動する（3.2〜3.6）である。しかし，まずは最初に，全ての行動に共通するカラダのリズムと生活のリズムとの関係を冒頭の3.1で，そして最後には人類特有の長い老齢期における介護（3.7）の問題で結ぶ。このように本章では，現代の生活環境において生きていくためのさまざまな日常の行動に焦点を当て，各行動の歴史，環境と行動の関係やその適応性などを中心に考察する。

　本章では，現代の近代的な生活環境が，適応した過去の環境から大きく乖離したものであることを念頭において，現代の生活行動にどのような問題が潜んでいるかを常に考えていただきたい。

3.1　生活時間（リズム）

□キーワード

　概日リズム，内的脱同調，時計遺伝子，睡眠覚醒，視交叉上核，転写翻訳フィードバックループ，交替制勤務，労働

　地球は24時間で自転しており，光や気温などの環境因子も24時間の周期で変化する。地球表層に棲む多くの生物の行動や生理機能にも約24時間のリズムが

存在する。この約24時間周期の変化を**概日リズム**（**circadian rhythm**）（サーカ
ディアンリズム）と呼び，ヒトでは**睡眠覚醒**（**sleep–wake**）や深部体温などの
周期で確認できる。生理機能の概日リズムは，24時間で変化する自然環境へ適
応し，有利に生き残るための生存戦略であると考えられる。本章では，ヒトの
概日リズム機構について概説し，その同調因子や生活時間による影響について
述べる。

3.1.1　概日リズム機構

(1)　概日リズム研究の歴史

　最初に生物の概日リズムを報告したのは18世紀初頭のフランス人科学者
Jean–Jacques d' Ortous de Mairan（1678-1771）である。彼は朝に葉を広げ，午
後には葉を閉じるオジギソウに着目し，オジギソウを陽の当たらない箱に入れ
ておいても，箱の外と同じように葉が開閉することを発見した[1]。これによ
り，彼はオジギソウが外界の明暗情報ではなく，体内時計によって葉を開閉し
ていると考えた。その後，1960年代になり，ドイツ・マックスプランク行動生
理学研究所の Jürgen Aschoff（1913-1998）らがヒトの概日リズムについて報
告している[2]。この研究では時計など時間的手がかりのない恒常環境の実験室
に被験者を長期間隔離し，その行動パターン（睡眠覚醒周期）と体温変動周期
を測定した。その結果，ヒトの内的睡眠覚醒周期は24時間より長く約25時間で
あると報告している。この報告から，長い間，ヒトの概日リズム周期は約25時
間であるとされてきた。しかし，照明条件などをより厳密に制御した近年の結
果より，人間の概日リズム周期は24.18時間程度であることが明らかとなって
いる[3,4]。これらの研究間における概日リズム周期の差異は実験室照明の影響
が挙げられる。Aschoff らの研究時点では低照度（150～300 lx）の光が概日リ
ズムに作用しないと考えられていたため，実験室内は低照度に設定されてい
た。しかし，その後の研究から低照度の光でも概日リズムに作用することが明
らかとされたため，近年の研究では実験室内を15 lx 以下の薄暗い環境とし，
さらにそのわずかな光の影響も除外する強制脱同調実験法が用いられている。

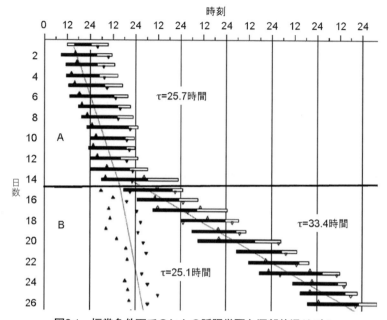

図3.1　恒常条件下でのヒトの睡眠覚醒と深部体温リズム

図中の横棒は黒い部分が睡眠の時間帯，白い部分が覚醒の時間帯を示す。▲は深部体温が最高となった時刻，▼は深部体温が最低となった時刻を示す。

　先述したように，恒常環境で観測される睡眠覚醒や深部体温は24時間とは異なる周期性変動を示し，フリーランリズムと呼ばれる。最初のうちは睡眠覚醒リズムと深部体温リズムは同じ周期でフリーランする（**図3.1　A**）[5]。しかし，ある期間以上を恒常環境下で過ごすと睡眠覚醒リズムと深部体温リズムが異なる周期でフリーランし始める内的脱同調現象が発生する（**図3.1　B**）。この**内的脱同調**（**internal desynchronization**）が発生することから，ヒトの概日リズムには少なくとも2つの異なる自律振動機構があると考えられてきた（2振動体モデル）（**図3.2**）[6,7]。ひとつ目の振動体（**図3.2　振動体I**）は深部体温やメラトニン分泌リズムを制御し，その概日リズムの中枢は**視交叉上核**（**suprachiasmatic nucleus：SCN**）にあるとされた。もう一方の振動体（**図3.2　振動体II**）は睡眠覚醒リズムを制御していると考えられてきたが，未だ不明であ

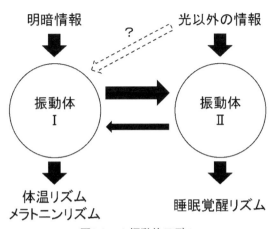

図3.2　2振動体モデル

振動体Ⅰは体温やメラトニンのリズムを制御し，振動体Ⅱは睡眠覚醒リズムを制御する。振動体Ⅰは主に光の明暗情報を同調因子とし，振動体Ⅱは光以外の情報を同調因子とする。振動体Ⅱは振動体Ⅰからの制御を受けるとされている。

る。しかし，近年の遺伝学研究より，全身のさまざまな細胞は自律的に概日リズムを刻む分子機構を有することが明らかとなってきている。概日リズムはSCNなどの細胞に存在する**時計遺伝子**（**clock gene**）を原動力としている。時計遺伝子は脳だけでなく，皮膚など身体のさまざまな細胞に存在するため，それらを同調させる手がかりがない場合は，身体各部位の時計が別々にフリーランし，内的脱同調のような現象が発生すると予想される。時計遺伝子の存在を示唆した最初の報告は1971年，アメリカのカリフォルニア工科大学のSeymour Benzer（1921-2007）とRoland J. Konopka（1947-2015）によるものである[8]。彼らは，ショウジョウバエの羽化のタイミングを調べ，通常のタイミング（24時間周期）とは異なる羽化のタイミング（19時間周期と28時間周期）を示す個体にはX染色体上の遺伝子に異常があることを発見した。その後，1984年にこの原因遺伝子が特定され[9,10]，最初の時計遺伝子として*period*（*per*）と名付けられた。その後も*timeless*（*tim*）[11]や*Clock*[12]などの時計遺伝子がつぎつぎと発見されている。これら概日リズムの分子機構の解明に関して，アメリカのブ

ランダイス大学の Jeffery C. Hall（1945–）と Michael Rosbash（1944–），ロックフェラー大学の Meichael W. Young（1949–）は *per* 遺伝子の発見やその基本的な仕組みを明らかにした貢献から2017年にノーベル生理学・医学賞を受賞している。

⑵　概日リズム機構

　ここで，現在の知見に基づく哺乳類での概日リズムの分子機構について簡単に説明する（**図3.3**）[13–15]。BMAL（**図3.3　BML**）と CLOCK（**図3.3　CLK**）というタンパク質が *Per* 遺伝子と *Cryptochrome*（*Cry*）遺伝子それぞれがコードするタンパク質（**図3.3　PER と CRY**）の合成を促進する（**図3.3　昼間と夕方**）。しかし，増加した PER と CRY タンパク質は複合体となり，自身の合成

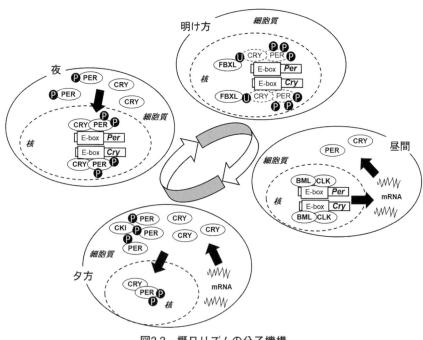

図3.3　概日リズムの分子機構

に抑制をかける (**図3.3 夜**)。その結果，PER/CRY 複合体が少なくなり (**図 3.3 明け方**)，BMAL と CLOCK タンパク質が再び PER と CRY タンパク質の合成を促進する。これら時計遺伝子によるタンパク質の発現レベルが24時間周期で繰り返されることが概日リズム分子機構の基本となっている。より詳細な説明を以下に記述する。昼間，BMAL と CLOCK タンパク質の複合体 (BML/CLK 複合体) が *Per* 遺伝子と *Cry* 遺伝子の mRNA の合成 (転写) を制御しているプロモーター領域 (**図3.3 E-box**) に作用し，それぞれの転写を活性化する。そして，細胞質に PER タンパク質と CRY タンパク質が合成 (翻訳) される。夕方には PER タンパク質と CRY タンパク質が細胞質に蓄積し，PER タンパク質がタンパク質キナーゼ (**図3.3 CKI**) によってリン酸化する。夜までにはリン酸化した PER タンパク質が CRY タンパク質と複合体 (PER/CRY 複合体) を形成し核内に入る。核内に入った PER/CRY 複合体は *Per* 遺伝子と *Cry* 遺伝子の E-box に結合し，mRNA の転写とタンパク質への翻訳を抑制する。核内では，PER タンパク質のリン酸化 (**図3.3 P**) が進み，分解される。また，CRY タンパク質も F-box タンパク質である FBXL 3 (**図3.3 FBXL**) によってユビキチン化 (**図3.3 U**) され，プロアテソームによって分解される[16]。明け方までには核内の PER/CRY 複合体は減少し，その転写抑制が解除され，再び *Per* 遺伝子と *Cry* 遺伝子の mRNA 量が増加し，それぞれのタンパク質の量も増加する。これが概日リズムの基本的分子機構であり，**転写翻訳フィードバックループ** (**transcription-translation feedback loop**) と呼ばれる。この核となるループの他にも ROR と REV-ERB タンパク質によるループや DEC タンパク質によるループなどのサブループも存在し，それらが連結する共役フィードバックループモデルが提唱されている。また，各時計遺伝子にはいくつかの種類 (例えば *Per 1* 遺伝子や *Per 2* 遺伝子など) が存在し，それぞれが異なる働きをしている[17]。概日リズムの分子機構には不明な点も存在するため，今後の研究が待たれる。

　次に，全身のさまざまな細胞内の時計遺伝子によって発生した分子振動は細胞間のネットワークを通して，SCN などの組織や臓器レベルでのリズムとな

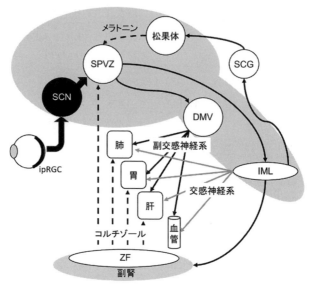

図3.4 概日リズムの機構

る[18]。概日リズムの中枢である SCN からは強大な神経性信号が室傍核下部領域（subparaventricular zone：SPVZ）に送られ，さらに中枢の自律神経系にも達する（**図3.4**）[19]。そのうち，迷走神経背側運動核（dorsal motor nucleus of vague：DMV）への時間信号は，迷走神経などの副交感神経系により消化管や呼吸器に伝えられる。その一方，脊髄の中間側細胞柱（intermediolateral cell column of the spinal cord：IML）に達したものは交感神経系より血管や副腎などの全身の臓器に伝えられる。IML から副腎に到達した時間信号は副腎皮質束状層（zona fasciculata：ZF）においてコルチゾールを分泌させる。血液で全身に送られたコルチゾールは末梢細胞内の糖質コルチコイド受容体と結合し，核内にて *per* 遺伝子の転写を促進する。また，IML からは上頸神経節（superior cervical ganglion：SCG）を介して松果体に時間信号が伝えられ，メラトニンが合成される。メラトニンは SCN の細胞内にあるメラトニン受容体と結合し，概日リズムを調律する。このように，全身の組織や臓器が同調して時計

を刻むには SCN からの時間信号が重要となる。

⑶　概日リズムの同調因子

　先述したようにヒトの概日リズムは24時間から多少ずれており，何かしら手がかりがなければ，地球の自転（24時間のリズム）と同調できない。これまでの研究により，概日リズムは光を最大の同調因子としていることが明らかである。網膜上に存在する内因性光感受性網膜神経節細胞（intrinsically photosensitive retinal ganglion cells：ipRGCs）で受容された光信号は，視神経の一部である網膜視床下部路に到達する。網膜視床下部路の神経終末からはグルタミン酸が放出され，SCN の NMDA（N-methyl-D-asparate）型グルタミン酸受容体を活性化する[20]。NMDA グルタミン酸受容体が活性化するとカルモジュリンキナーゼ（CaMKII）がリン酸化され，サイクリック AMP 応答配列結合タンパク質（CREB）が活性化する。Per 遺伝子上の CRE site に CREB が結合すると Per 遺伝子の転写並びに PER タンパク質の翻訳が促進される[21]。動物実験において，Per 遺伝子の mRNA 機能を薬理的に阻害すると行動リズムの光同調も阻害されることから[22]，概日リズムの光同調に Per 遺伝子が重要な働きをしていると考えられている。また，光は時計遺伝子だけでなくメラトニン分泌にも作用する。例えば，夜間の光はメラトニン分泌を抑制し，日中の光はその後のメラトニン分泌を促進する。先述したように SCN にはメラトニン受容体が存在するため，メラトニンは概日リズムの中枢時計に作用する。実際に，メラトニンを口径摂取すると概日リズムが変化することから，海外では時差ボケを軽減するサプリメントとしてメラトニンが推奨されている[23]。どのような光がメラトニン分泌や概日リズムに作用するのかについては「光への適応」（2.3）にて説明されているので，そちらを参照されたい。

　眼球を摘出した全盲患者において，約半数の患者は日常生活下でもフリーランを示すが，残りの患者は生活時間と同調を示す[24]。これらの患者は眼球を摘出しているため光を感受（すること）ができないことから，光以外にも概日リズムに作用する因子があると考えられる。そのひとつとして，食事がある。動

物の食事時刻を制限することで肝臓などの消化器官系は食事時刻に同調することが報告されている[25]。しかし，食事時刻は中枢である SCN のリズムに作用しないことから，光の明暗時刻と同期しない時刻での食事は中枢（SCN）と末梢（消化器官系）の内的脱同調を引き起こす。ただし，メラトニンは乳製品などの食品に多く含まれるトリプトファンから合成されるため，トリプトファンを多く含む食材を朝食として摂取することで，早朝の光による夜間のメラトニン分泌の促進が検討されている[26]。トリプトファン摂取によるメラトニン分泌への作用は不明な点が多いものの，食事も中枢時計の間接的な同調因子になり得るかもしれない。次に，食事以外の非光因子としては運動が挙げられる。23.8 時間で生活させる時間隔離実験を全盲患者に対して行わせると深部体温やメラトニン分泌リズムが実験時間に同調する[27]。この実験では起床 6 時間後に10 分間の自転車運動を被験者に行わせている。また，正常な視覚を有する被験者に 23.6 時間周期の生活を 15 日間過ごさせ，覚醒時に自転車運動を行わせるとメラトニン分泌リズムが前進し，生活時間に同調する[28]。さらに 4 日間の覚醒時の運動でも睡眠覚醒リズムが前進している[29]。しかし，運動だけでは概日リズムへの作用がないと報告しているものもある[28]。このことから，運動も概日リズムに作用する因子のひとつであるものの，概日リズムを生活リズムへ同調させるには食事も含めた生活時間の統制がより効果的であると思われる。

3.1.2　ヒトに適した生活時間

⑴　生活時間の乱れと健康

　地球表層に棲む生物であるヒトにとって，本来は地球の自転に同期した時間で生活することが最適であると思われる。しかし，日本では明治時代の近代産業導入後から生産性向上のため，製造業などの工場が 24 時間連続稼動するようになり，交代しながら働く**交替制勤務（shift work）**が導入された。近年ではコンビニエンスストアや医療など社会全体で 24 時間化が進んでおり，さまざまな生活時間で過ごす人が増加している。交替制勤務労働者に関する問題は近代産業導入後から指摘されており，日本産業衛生学会は 1929 年の創立時から調査

研究を行っている[30]。例えば，交替制勤務労働者は常日勤者に比べ，呼吸器や運動器，消化器の病気が原因の休業経験者が多いことが指摘されている。また，時差ボケを頻繁に経験する長距離の航空乗務員の多くは不眠症や胃腸障害などの時差症状を訴えている[31]。さらに，交替制勤務歴の長い看護師は乳がんの発病率が高いことが報告されている[32,33]。このように生活時間の乱れは健康を害する危険因子である。実際に世界保健機構（WHO）の外部組織である国際がん研究機関（IARC）は交替制勤務を "恐らく発がん性がある（Group 2 A）" に分類している[34]。

　これらは生理機能の概日リズムと関係していることから，それらについて説明する。まず，概日リズムの乱れは睡眠不足を引き起こす。睡眠不足は疲労回復を妨げ，感情のコントロール能力や作業効率の低下などを引き起こし，ヒューマンエラーによる事故の危険性を高める。睡眠はその他にも生理・心理機能への影響や疾患との関係も報告されており，「睡眠」（3.1）にて説明されているので，そちらを参照されたい。

　看護師における乳がんの高い発病率は夜間勤務中の光によるメラトニン抑制が関係していると考えられている。松果体で分泌されるメラトニンは夜間にのみ分泌され，日中に分泌されない明確な概日リズムを示す（**図3.5　黒実線**）。

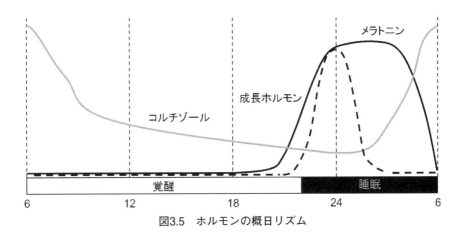

図3.5　ホルモンの概日リズム

メラトニンは抗酸化作用があり[35]，中枢神経系の核やミトコンドリアの DNA を保護することが報告されていたが[36]，乳がんに対する抗がん作用についても示唆されている[37,38]。

　副腎皮質束状層で分泌されるコルチゾールにもメラトニン同様に概日リズムが存在し，起床前にその分泌量が最大となり，午後には分泌量が減少する（**図3.5　灰実線**）。コルチゾールは，糖代謝や脂質代謝，骨代謝，抗アレルギー・抗免疫作用など多様な生理作用を有しており，生命維持に必要なホルモンである[39]。ストレスなどによりコルチゾールの日内変動が少ない場合は心身的に不健康であることが報告されている[40]。さらに，脳下垂体前葉から分泌される成長ホルモンにも概日リズムが存在し，睡眠時にのみ分泌される（**図3.5　破線**）。成長ホルモンは細胞分裂を促進することで骨の伸張や筋肉の成長のみならず糖や脂質代謝にも関係する[41]。これらの代謝に関わるホルモン分泌リズムの乱れが代謝異常（メタボリックシンドロームなど）に関係していると思われ，中枢時計と末梢（消化器）時計との同調が重要であると考えられている。実際に，短時間睡眠や不規則な生活時間による内的脱同調が糖尿病や肥満と関係することが報告されている[42,43]。また，血圧や体温調節を行う自律神経系にも概日リズムがあり，深部体温と血圧は日中高く，睡眠中に低くなる。交替制勤務者に多い虚血性心疾患について[44]，機序は不明な点が多いものの，血圧を含めた自律神経系の乱れが原因のひとつと考えられる。

⑵　安全で健康的な生活時間のために

　現代社会では，交替性勤務だけでなくスマートフォンなどの情報端末の普及による夜型化など生活時間の多様化が進み，規則的な生活が得られにくくなっている。また，環境の人工化が進み，概日リズムが同調しにくい地下空間や大型オフィスビルなどの恒常環境も増えている。さらに，航空産業の発達により，時差ボケを経験する人はますます増えるだろう。このような社会は我々の概日リズムを乱し，安全や健康を害しやすい環境であるといえる。しかし，ヒトの概日リズムを理解し，**労働（work）**や運動の時間などを工夫すること

で，これらの影響を軽減することも可能である。例えば，看護師の交替制勤務において，1回の勤務継続時間や勤務間隔，連続夜勤の制限，交替する時間帯，休日の過ごし方などを改善することで，看護師の疲労を軽減できることが報告されている[45, 46]。また，夕方よりも朝の運動が睡眠を妨げないとされている[47]。その一方，時計遺伝子や概日リズムには個人差が存在するため，その多様性も理解する必要がある。そのひとつとして CLOCK タンパク質の時計遺伝子である *CLOCK* 遺伝子のハプロタイプの違いがメタボリックシンドロームの有病率と関連することが報告されている[48]。また，睡眠位相前進症候群は *PER* 遺伝子の変異との関係が示唆されている[49]。

　本項ではヒトの生理機能の概日リズム機構や生活時間による影響に関して概説したが，未だ不明な点が多く，さらなる研究が期待される。しかし，我々が安全で健康的に生活するには，生理機能の概日リズムを理解し，それに適した環境の制御だけでなく，労働・睡眠・運動・食事などの生活時間も管理する必要がある。さらに，概日リズムや時計遺伝子の個人特性も考慮し，多様な労働時間の整備なども必要であろう。

引用・参考文献

1) de Mairan JJO.：Obbservation botanique, Histoire de l'Academie Royale des Sciences, 31:35-36, 1729.

2) Aschoff J, Gerecke U, Wever R.：Desynchronization of human circadian rhythms. Jpn J Physiol, 17:450-457, 1967.

3) Czeisler CA, Duffy JF, Shanahan TL, Brown EN, Mitchell JF, Rimmer DW, Ronda JM, Silva EJ, Allan JS, Emens JS, Dijk DJ, Kronauer RE.：Stability, precision, and near-24-hour period of the human circadian pacemaker. Science, 284:2177-2181, 1999.

4) Kitamura S, Hida A, Enomoto M, Watanabe M, Katayose Y, Nozaki K, Aritake S, Higuchi S, Moriguchi Y, Kamei Y, Mishima K.：Intrinsic circadian period of sighted patients with circadian rhythm sleep disorder, free-running type. Biol Psychiatry, 73:63-69, 2013.

5) Wever RA.：The circadian system of man: Results of experiments under temporal isolation, Springer, 1979.

6) Kronauer RE, Czeisler CA, Pilato SF, Moore-Ede MC, Weitzman ED. : Mathematical model of the human circadian system with two interacting oscillators, Am J Physiol, 242:R 3 -17, 1982.

7) Honma K, Hashimoto S, Endo T, Honma S. : Internal desynchronization in the human circadian rhythm. K. Honma, S. Honma, Circadian Clock and Entrainment, Vol. Hokkaido University Press, 101-113, 1998.

8) Konopka RJ, Benzer S. : Clock mutants of Drosophila melanogaster. Proc Natl Acad Sci U S A, 68:2112-2116, 1971.

9) Bargiello TA, Jackson FR, Young MW. : Restoration of circadian behavioural rhythms by gene transfer in Drosophila, Nature, 312:752-754, 1984.

10) Rosbash M, Hall JC. : Biological clocks in Drosophila: finding the molecules that make them tick, Cell, 43:3-4, 1985.

11) Vosshall LB, Price JL, Sehgal A, Saez L, Young MW. : Block in nuclear localization of period protein by a second clock mutation, timeless, Science, 263:1606-1609, 1994.

12) King DP, Zhao Y, Sangoram AM, Wilsbacher LD, Tanaka M, Antoch MP, Steeves TD, Vitaterna MH, Kornhauser JM, Lowrey PL, Turek FW, Takahashi JS. : Positional cloning of the mouse circadian clock gene, Cell, 89:641-653, 1997.

13) Gekakis N, Staknis D, Nguyen HB, Davis FC, Wilsbacher LD, King DP, Takahashi JS, Weitz CJ. : Role of the CLOCK protein in the mammalian circadian mechanism. Science, 280:1564-1569, 1998.

14) Reppert SM, Weaver DR. : Coordination of circadian timing in mammals. Nature, 418:935-941, 2002.

15) Gallego M, Virshup DM. : Post-translational modifications regulate the ticking of the circadian clock, Nat Rev Mol Cell Biol, 8:139-148, 2007.

16) Siepka SM, Yoo SH, Park J, Song W, Kumar V, Hu Y, Lee C, Takahashi JS. : Circadian mutant Overtime reveals F-box protein FBXL3 regulation of cryptochrome and period gene expression, Cell, 129:1011-1023, 2007.

17) Hamilton EE, Kay SA. SnapShot: circadian clock proteins. Cell, 135:368-368 e361, 2008.

18) Yamaguchi S, Isejima H, Matsuo T, Okura R, Yagita K, Kobayashi M, Okamura H. : Synchronization of cellular clocks in the suprachiasmatic nucleus. Science, 302:1408-1412, 2003.

19) Ishida A, Mutoh T, Ueyama T, Bando H, Masubuchi S, Nakahara D, Tsujimoto G, Okamura H. : Light activates the adrenal gland: timing of gene expression and glucocorticoid release. Cell Metab, 2:297-307, 2005.

20) Hattar S, Lucas RJ, Mrosovsky N, Thompson S, Douglas RH, Hankins MW, Lem J, Biel M, Hofmann F, Foster RG, Yau KW.：Melanopsin and rod-cone photoreceptive systems account for all major accessory visual functions in mice, Nature, 424:76-81, 2003.

21) O'Neill JS, Maywood ES, Chesham JE, Takahashi JS, Hastings MH.：cAMP-dependent signaling as a core component of the mammalian circadian pacemaker, Science, 320:949-953, 2008.

22) Akiyama M, Kouzu Y, Takahashi S, Wakamatsu H, Moriya T, Maetani M, Watanabe S, Tei H, Sakaki Y, Shibata S.：Inhibition of light- or glutamate-induced mPer 1 expression represses the phase shifts into the mouse circadian locomotor and suprachiasmatic firing rhythms, J Neurosci, 19:1115-1121, 1999.

23) Herxheimer A, Petrie KJ.：Melatonin for the prevention and treatment of jet lag, Cochrane Database Syst Rev, CD001520, 2002.

24) Sack RL, Lewy AJ, Blood ML, Keith LD, Nakagawa H.：Circadian rhythm abnormalities in totally blind people: incidence and clinical significance, J Clin Endocrinol Metab, 75:127-134, 1992.

25) Stokkan KA, Yamazaki S, Tei H, Sakaki Y, Menaker M.：Entrainment of the circadian clock in the liver by feeding, Science, 291:490-493, 2001

26) Nagashima S, Yamashita M, Tojo C, Kondo M, Morita T, Wakamura T.：Can tryptophan supplement intake at breakfast enhance melatonin secretion at night?, J Physiol Anthropol, 36:20, 2017.

27) Klerman EB, Rimmer DW, Dijk DJ, Kronauer RE, Rizzo JF III Czeisler CA.：Non-photic entrainment of the human circadian pacemaker, Am J Physiol, 274:R991-996, 1998.

28) Miyazaki T, Hashimoto S, Masubuchi S, Honma S, Honma KI.：Phase-advance shifts of human circadian pacemaker are accelerated by daytime physical exercise, Am J Physiol Regul Integr Comp Physiol, 281:R197-205, 2001.

29) Yamanaka Y, Hashimoto S, Tanahashi Y, Nishide SY, Honma S, Honma K.：Physical exercise accelerates reentrainment of human sleep-wake cycle but not of plasma melatonin rhythm to 8-h phase-advanced sleep schedule, Am J Physiol Regul Integr Comp Physiol, 298:R681-691, 2010.

30) 日本産業衛生学会交代勤務委員会：夜勤・交代制勤務に関する意見書, 産業医学, 20:308-344, 1978.

31) 佐々木三男, 北原達基, 竹山孝二, 田村信, 遠藤四郎：時差症状群（Jet lag syndrome）と生体リズムの乱れについて―とくに睡眠・覚醒を中心として―, 精神神経学雑誌, 83:893-904, 1981.

32) Schernhammer ES, Laden F, Speizer FE, Willett WC, Hunter DJ, Kawachi I, Colditz GA.: Rotating night shifts and risk of breast cancer in women participating in the nurses' health study, J Natl Cancer Inst, 93:1563-1568, 2001.

33) Schernhammer ES, Kroenke CH, Laden F, Hankinson SE.: Night work and risk of breast cancer. Epidemiology, 17:108-111, 2006.

34) Stevens RG, Hansen J, Costa G, Haus E, Kauppinen T, Aronson KJ, Castano-Vinyals G, Davis S, Frings-Dresen MH, Fritschi L, Kogevinas M, Kogi K, Lie JA, Lowden A, Peplonska B, Pesch B, Pukkala E, Schernhammer E, Travis RC, Vermeulen R, Zheng T, Cogliano V, Straif K.: Considerations of circadian impact for defining 'shift work' in cancer studies: IARC Working Group Report, Occup Environ Med, 68:154-162, 2011.

35) Hardeland R.: Antioxidative protection by melatonin: multiplicity of mechanisms from radical detoxification to radical avoidance. Endocrine, 27:119-130, 2005.

36) Reiter RJ, Acuna-Castroviejo D, Tan DX, Burkhardt S.: Free radical-mediated molecular damage. Mechanisms for the protective actions of melatonin in the central nervous system. Ann N Y Acad Sci, 939:200-215, 2001.

37) Blask DE, Brainard GC, Dauchy RT, Hanifin JP, Davidson LK, Krause JA, Sauer LA, Rivera-Bermudez MA, Dubocovich ML, Jasser SA, Lynch DT, Rollag MD, Zalatan F. Melatonin-depleted blood from premenopausal women exposed to light at night stimulates growth of human breast cancer xenografts in nude rats, Cancer Res, 65:11174-11184, 2005.

38) Stevens RG, Brainard GC, Blask DE, Lockley SW, Motta ME.: Breast cancer and circadian disruption from electric lighting in the modern world. CA Cancer J Clin, 64:207-218, 2014.

39) 柳瀬俊彦, 名和田新: コルチゾール, 臨床検査, 38:118-121, 1994.

40) Adam EK, Quinn ME, Tavernier R, McQuillan MT, Dahlke KA, Gilbert KE.: Diurnal cortisol slopes and mental and physical health outcomes: A systematic review and meta-analysis, Psychoneuroendocrinology, 83:25-41, 2017.

41) 諏訪珹三: 成長ホルモン, 高分子, 23:718-722, 1974.

42) Buxton OM, Cain SW, O'Connor SP, Porter JH, Duffy JF, Wang W, Czeisler CA, Shea SA.: Adverse metabolic consequences in humans of prolonged sleep restriction combined with circadian disruption., Sci Transl Med, 4:129ra143, 2012.

43) Morris CJ, Yang JN, Garcia JI, Myers S, Bozzi I, Wang W, Buxton OM, Shea SA, Scheer FA.: Endogenous circadian system and circadian misalignment impact glucose tolerance via separate mechanisms in humans, Proc Natl Acad Sci U S A, 112:E2225-2234, 2015.

44) Fujino Y, Iso H, Tamakoshi A, Inaba Y, Koizumi A, Kubo T, Yoshimura T: Japanese Collaborative Cohort Study G. A prospective cohort study of shift work and risk of ischemic heart disease in Japanese male workers. Am J Epidemiol, 164:128-135, 2006.

45) 高橋正也, 白川修一郎 (編), 久保智英：交替勤務者の睡眠と疲労, 睡眠マネジメント, エヌティーエス, 53-63, 2014.

46) 久保智英, 高橋正也, ミカエル・サリーネン, 久保善子, 鈴村初子：生活活動と交代勤務スケジュールからみた交代勤務看護師の疲労回復, 産業衛生学雑誌, 55:90-102, 2013.

47) Yamanaka Y, Hashimoto S, Takasu NN, Tanahashi Y, Nishide SY, Honma S, Honma K.：Morning and evening physical exercise differentially regulate the autonomic nervous system during nocturnal sleep in humans, Am J Physiol Regul Integr Comp Physiol, 309:R1112-1121, 2015.

48) Sookoian S, Gianotti TF, Burgueno A, Pirola CJ.：Gene-gene interaction between serotonin transporter (SLC6A4) and CLOCK modulates the risk of metabolic syndrome in rotating shiftworkers, Chronobiol Int, 27:1202-1218, 2010.

49) Ebisawa T.：Circadian rhythms in the CNS and peripheral clock disorders: human sleep disorders and clock genes, J Pharmacol Sci, 103:150-154, 2007.

3.2　衣服

> ☐キーワード
>
> 衣服, 被服, 身体変工, 裸, 衣服気候, クロ, 衣服内換気

3.2.1　はじめに

　衣服 (clothing) とは身体を覆うものである。被服 (clothing) は帽子, アクセサリー, ボディペインティング, 身体変工 (入墨, 口唇拡大, ピアス, その他) (deformation / mutilation) など, 身に付けるものまで含めた概念である。以下, 衣服と被服を区別せずに論じる。

　ヒトが進化する過程で色覚の発達, 直立二足歩行能力の獲得, 脳容積の増大, 体毛の消失, 汗腺の発達, 皮下脂肪の増大などが生じた。体型には性差があり, さらに成長や加齢により変化する。これらが衣服の有り様に関わってい

る。適切な衣服の着用は社会的適応性の指標となり得る。性的な魅力が増すなら，Charles Robert Darwin が唱えた性淘汰（sexual selection）の一翼を担っていることになる。

3.2.2　衣服の起源

進化の系統樹において分岐した時期については，霊長類は約6500万年前，ヒト科（オランウータン，ゴリラ，チンパンジー，ヒト）は約2000万年前と考えられている。ヒトがチンパンジーと分岐した時期は約700万年前とされ，この後，猿人，原人，旧人などの多様な人類が誕生したり絶滅したりした。そして約25万年前，新人すなわち現生人類が誕生した。

旧石器時代は前期（250〜30万年前），中期（30〜4万年前），後期（4〜1万年前）に区分される。新石器時代の始まりは，農耕牧畜が開始された時期と重なる。気候変動は，太陽輻射の周期的変化，火山活動，氷河期などによってもたらされる。直近のヴィルム氷期（約7万〜1万年前）では海面が約120 m低下して陸橋が形成され，これが人類の地球規模での大移動を助けた。

類人猿が雨を嫌い，巨大な葉を雨傘として利用している写真がある。衣服の概念を拡大すれば，猿人や原人が何らかの効果を求めて自然物を衣服として利用することはあっただろう。

前期旧石器時代における原人の遺跡には，火を用いた痕跡が認められることがある。中期旧石器時代，ネアンデルタール人が火を日常的に使用していたことについて異論がない。しかし彼らの遺跡から芸術作品や生活道具としての針は見出されていない。従って，彼らが毛皮をまとうことがあったとしても，それは極めて単純な構造であったと思われる。衣服が日常的そして社会儀礼的に使用されるようになるのは新人からのようである。

ヒトに寄生するシラミにはアタマジラミとコロモジラミがある。両者の分岐を衣服の起源とみて，その時期が DNA 解析により調べられている。これには諸説があり，最も古いとするものが17万年前である[1]。貝殻製のビーズが南アフリカのブロンボス洞窟で発見され，新人による7万5千年前のものと判定さ

れた[2]。芸術そして原始宗教が芽生えれば，アクセサリー類が日常的にあるい
は儀式などで使用され，衣服の文化が形成されていったのであろう。獲物から
得た牙は狩人としての勇者の証であり，その者が死んだら記念の品となる。ア
クセサリーが希少かつ恒久的であれば貨幣として機能する。扮装は霊的なもの
を演じる上で効果的である。同族が同じデザインで身体を飾れば仲間意識が高
まる。

　獲物を追い，新たにナワバリを求めて高緯度地方に移動した集団では，寒冷
対策として火，住居，衣服の重要性が増していった。

3.2.3　覆うこと

Abraham Harold Maslow による欲求階層理論は，下位にある欲求が満たされ
た後，上位にある欲求に向かい，最終的に自己実現を目指すというものであ
る。社会におけるヒトと衣服の関係もこれに通じるところがある。つまり，ま
ずは身体の然るべき所を覆いたい。衣服は生理衛生的に快適でありたい。社会
的規範を満たしていたい。望みの衣服が入手できれば嬉しく，好評が得られた
らなお嬉しい。そして，衣服という外見的要素を超越した存在でありたい。

　旧約聖書によると人類最古の衣服はイチジクの葉である。身体各所は適切に
隠す必要がある。これには風土，宗教，道徳，身分，年齢，性の違い，羞恥
心，劣等感などが関わっている。マスクやサングラスで顔を覆うとき，生理衛
生的な目的の他，心理的あるいは文化的な意味を持つことがある。社会的に下
位の者がこれらを着用したまま，上位の者に相対することを無礼とみなす文化
がある。個人認証が要求される場面では，通常，これらの着用は禁じられる。

　伝統的儀式，慣習，エチケットなどは，衣服をはじめ，外套，帽子，靴，手
袋などの着脱の可否，そのタイミング，さらに取り去った衣類の扱い方などに
ついて規定している。さらに着帽するべきときに無帽になったり（これの逆も
ある），片肌脱ぎや諸肌脱ぎになったりすることがあり，これには反抗，粋，
無頓着，体温調節，意気込みを示すといった目的や意味がある。

　裸足で暮らすことは人類にとって長きに渡り自然な行為であった。南アメリ

カの最南端にあるフェゴ島のオナ族，かつてのアイヌ族，ヒマラヤ登山で荷揚げをするシェルパ族などは寒冷な気候にあって裸足であった[3]。1960年，オリンピックローマ大会のマラソンで，Abebe Bikila は裸足で走り優勝した。なお，裸足走行において，先に踵側で着地する走法では，それが母指球側であるときに比べ，怪我を被る頻度が 2 倍になるという報告がある[4]。

　素足とは靴下や足袋を脱いだ状態をいう。素足で靴を履き，これを粋とみることがある。裸足（跣足）（bare feet）とは日常生活において足が裸である状態をいう。素足および裸足に相当するものが，各々，脱衣裸体および自然裸体である。裸族は一見すると**裸**（nakedness）であるが，髪飾りや腰ひもなどを身に着けたり，身体変工を施していたりする。つまり何かしら身にまとっていることから，自然裸体は存在しないとされる。

　裸体には特別の意味や価値がある。古代オリンピックでは男性のみが全裸で競技に参加した。男性が全裸ないし裸体となって参加する神事が日本各地にある。裸体はしばしば芸術作品あるいは性的産業の対象となる。刑罰として裸にしたり，抗議や政治的主張のために自ら裸になったりする。

　江戸時代の公衆浴場には男女別の他に混浴があった。人前で行水や水浴びを平気で行い，乳房や性器を隠そうとする意識は極めて低かった。外国人が抱く印象を重視した明治新政府は，混浴，屋外での裸体の露出，立小便などを厳しく取り締まった[5]。

　井上章一[6]によると，我が国の女性がパンツを穿く習慣は洋装化の波に沿って浸透し，1930年代後半から50年代にかけて広がったが，パンツが露出することについては意に介さなかった。これを気にするようになったのは1950年代後半に形や色合いが洗練された新しいパンティが市場に出回ったことによる。パンティを隠蔽する必要から脚さばきも変わった。かくして，1923年の関東大震災および1932年の白木屋の火災をきっかけに，女性がズロースを着用することになったという見方を井上は否定している。

3.2.4 衣服の歴史

歴史を扱うシリアスな小説，演劇，映画などの制作では，しばしば衣服に対する時代考証が必要となる。衣服の歴史には衣服材料，繊維や布の製造および加工技術，染色技術なども関わっている。

約1万年前に農耕牧畜が始まった。これは人類の暮らしにとって革命的であり，社会の構造が変わった。麻，木綿，羊毛，絹などによる編物，織物，フェルトが作られ，それらの中のいくつかは交易において貨幣としての価値を持つようになった。

1991年，アルプス山中にて5300年前の冷凍ミイラ（通称アイスマン）が発見された。新石器時代の衣服の様子を知ることができる至宝とされる。彼は毛皮製の帽子，上着，ズボン，革製の腰巻き（前掛け）および靴，さらに縄を編んで作ったマントを着用していた[7]。

1760年代にイギリスで始まった産業革命（industrial revolution）により，織物が大量に供給されるようになった。1850年代にミシンの普及が始まった。1880年代以降，各種の化学繊維の工業化が続いた。20世紀に入り化学繊維による不織布の生産が始まった。

我が国の洋装は幕末以降，上流階級および男性において普及した。軍服の採用が男性の洋装化を促進した。明治時代以降，女児教育として裁縫が導入された。明治時代後期には現在に繋がる女子大学の前身が創設され，家政学において被服教育が行われた。洋裁の重要性は明治初期には認識されており，敗戦後の昭和30年代には多くの女性がこれを職業とした。

シルバー精工製の家庭用編機の売上は1985年がピークである。一方，家庭用ミシンの売上は今日に至るまで安定している。ニット類は企業に任せ，織物の加工は自ら行う図となっている。

日本のテレビショッピングは1970年に始まった。1990年頃，低価格路線のファストファッションが始まった。人件費が安いアジア諸国で生産し，巨額の宣伝費を投入して流通させる仕組みによる。1990年代後半から電子商取引（ネットショッピング）が隆盛となった。今日，古着に対する価値観は好意的

なものとなり，インターネット利用による消費者間取引が行われている。

　近年，環境保護，動物愛護，サステナビリティー（持続可能性），性の捉え方の多様性などへの関心の高まりが見られる。動物愛護の観点から毛皮や革を使用しないフェイク製品が流通しているが，その一方で，化学繊維製品の洗濯により大量の微小なプラスチックが河川に流入することが問題となっている。台湾では男子学生の一部がスカート着用を始めたことが報道された。

3.2.5　衣服の制作

　ヒトは類人猿とは明確に異なる骨格を持つ。首は垂直に伸びている。投擲を可能とする肩関節構造を持つ。脊柱を身体右側横方向から眺めると 2 つの S 字を縦にずらして重ねたように湾曲している。上肢は短く，下肢は長く，寛骨は横方向に張り出し，大臀筋が発達している。男性は骨格と筋肉が発達し，女性は大きな乳房と丸みを帯びた身体を持つ。体毛が痕跡的であるため，類人猿に比べ，成体における男女の違いが分かりやすい。

　ヒトの体型区分では，クレッチマー（Ernst Kretschmer）の気質に基づく 3 分類，シェルドン（William Herbert Sheldon）の身体部位の発達に基づく 4 分類，スカルジュ（Božo Škerlj）の皮下脂肪の付き方に基づく 7 分類が知られている。

　衣服はこうした人体の形態や動作，右利きが多数を占めること，気候，労働の形態，戦争のやり方，経済力，職業，身分などに応じ，各時代の価値観に沿うように，ときにはそれらを無視して，さらに他国の文化的影響を受けながら制作されてきた。

　上衣を羽織るとき，左右のどちらを上にするか，前ボタンを左右どちらに付けるかについては時代，文化，男女による違いがある。死装束では左前（左側が下）とする。ファスナーには，スライダーの取付け動作を左右どちらの手で行うかという違いがある。面ファスナーでは着脱操作が容易となる。

　我が国の衣服制作実習には和裁と洋裁がある。前者は平面構成，後者は立体構成である。和服は平面構成であり，これを着用する際は熟練した着付け技術

を必要とする。洋服は和服に比し厳密な身体サイズとの適合が必要とされる。また，パタン展開のあり方，ゆとり量の設定，縫製技術，裏地の選択なども重要である。これらは着用した際の快適性，動作の円滑性，衣服のシワやヒダ，姿勢変化がもたらすシルエットなどに影響する。

　繊維業界は川上（素材の生産），川中（アパレル生産および卸業），川下（販売業）として区分される。大量生産による既製品を市場に送り出すとき，体型区分や表示が重要となる。基本設計に対するサイズ展開をグレーディング，その際の刻み幅をピッチという。宗教その他の理由により肌の露出が許されないとき，例えば T シャツを着た状態で採寸し，所定の長さを差し引くような人体計測手法が必要とされることがある。

　ファッションショーに向けて制作される衣服には装飾的要素が高いものがある。動物，ロボット，銅像などのために衣服が制作されることがある。スマートフォンや運送用トラックに施されるデコレーションも同類といえる。

3.2.6　気候と衣服

　今日，地球温暖化が問題となっているが，気候変動の歴史をみると今は間氷期に相当しており，いずれ寒冷に向かうのであろう。気候を構成する要素には気温，湿度，日照，降水量，風向などがあり，これらには地形，緯度，標高，海岸や湖岸からの距離，海流などが関わっている。各地の気温には日較差および年較差がある。白夜と極夜，乾期と雨期が巡ってくる地域もある。

　暑さ寒さに対する人類の特徴について，佐藤方彦により詳述されている[8]。生体にとって暑くも寒くもない範囲を中性温域という。これを越えると，暑さに対しては発汗量の増加，寒さに対しては代謝量の増大が始まり，各々を上臨界温（upper critical temperature）および下臨界温（lower critical temperature）と称する。ヒトの下臨界温は裸体において22〜27℃である。気温がこれを下回るほど，衣類の必要性が増す。

　人体深部から外部へ向かう熱勾配が適切であり，**衣服気候（clothing climate）**（皮膚面と衣服との間の温度や湿度など）が31℃，相対湿度50%前後で

深部 ⇒ 体表面 ⇒ 衣服気候 ⇒ 衣服 ⇒ 室内気候 ⇒ 住居 ⇒ 屋外
37℃　　　 33℃　　　　 31℃
　　　　　　　　　　　　相対温度50%

図3.6　快適さをもたらす熱勾配

あるとき，ヒトに快適性がもたらされる（**図3.6**）。衣服と住居の重要な目的の
ひとつが，衣服気候が適切な状態となるよう調整することである。

　図3.7は湿り空気線図を用いて快適域を示したものである。Cは快適域，W
は冬季の外気，Sは夏季の外気を意味する。人体は発熱体であり，また皮膚面
から絶えず水分を放出している。よって衣類着用によりWをCへ導くことは
容易である。一方，夏季に衣類を着用すると衣服気候はDとなり，Cとの距
離が拡大し，温熱ストレスが増大する。

　クロ（**clo**）とは衣服の熱抵抗を意味し，Adolf Pharo Gagge らにより提唱さ
れた[9]。オームの法則すなわち抵抗＝電圧／電流にならえば，全熱抵抗＝衣服
の熱抵抗（clo）＋空気の熱抵抗＝衣服内外の温度差／流出した熱量となる。成
人男性が華氏70度（21.2℃），相対湿度50%，気流0.1 m/秒以下にて椅座位安
静を保持し，暑くも寒くもない状態のとき，平均皮膚温は33℃，安静時代謝量

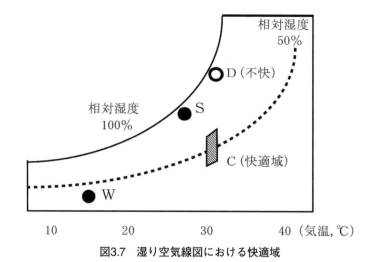

図3.7　湿り空気線図における快適域

は50 kcal/m² / 時であり，この代謝量の76%が衣服を通じて外部に流出したと仮定し，このときの衣服を1クロと定義する。

気温が30，21，12，3℃のとき，快適となる衣服は，各々0，1，2，3クロである。ヒマラヤ登山では7クロの寝袋が必要であるらしい。

クロ値と衣服重量は比例関係にある。単位重量当たりのクロ値は女性服の方が男性服より高い。日本では女性の社会進出が洋装化をもたらし，これにより衣服重量が軽くなった。

(2) 暑さ寒さと衣服

天気，作業強度，馴化の程度などにより適切とされる衣服およびその着用様式が異なる。東南アジアに特有の蒸し暑い中では軽装がよく，砂漠のような乾燥した高輻射環境では，ゆったりした衣服を全身にまとって輻射をカットするのが良い。こうした工夫は，世界各地の人々の暮らしや民族服に認められる。

放射線，アスベスト，細菌などに対する防護衣を暑熱下で着用すると熱中症（heatstroke）に罹る危険性が高まる。そこで**衣服内換気（clothing ventilation）**の促進，冷気の導入，皮膚面の冷却，さらに適切な休憩の設定が重要となる。

外気流や衣服内換気は，通常，温熱ストレスの軽減にとって有効である。衣服内換気については，煙突効果（加温された空気が衣服の開口部から上方へ抜ける現象），ポンピング効果（身体動作による換気作用），行灯効果（暖気がスカート生地を通過する現象）が知られている[10]。外気流が温熱ストレスの増大をもたらすことがある。これについてはサウナに入れば実感できる。

エスキモーは極寒の世界に暮らす。カリブーの毛皮で作った2枚重ねの冬服を着れば，零下50℃に曝されても身体は冷えない。しかも服の総重量は4.5kgに過ぎない。身体が熱くなれば冷気を導けばよい。ただし汗が氷結しやすいので，機会あるごとに服を裏返して乾燥させなければならない[11]。

性犯罪の痕跡がない，脱衣した凍死体が発見されることがあり，これを逆説的脱衣（paradoxical undressing）と称する。冷え切った皮膚面に身体中心部から暖かい血液が流れ，すると焼けるような熱さを感じて衣服を脱いでしまい，

これにより死が早まる。

3.2.7　おわりに

　文化はしばしば生理面を凌駕する。よって儀式には盛夏であっても伝統的衣装で臨むこととなる。熱中症は幾度も経験できるものではなく，初回で落命するかもしれない。我々はこのことをよく認識しておくべきである。

　衣服の快適性には温熱要素の他，衣服圧，皮膚障害，静電気，微生物の害など多くが関わっているが，これらについては割愛する他なかった。

引用・参考文献

1 ）勝浦哲夫：人間科学の百科事典，日本生理人類学会（編），丸善，514-515，2015.

2 ）アリス・ロバーツ（編著）：人類の進化大図鑑，河出書房新社，184，2012.

3 ）近藤四郎：足の話，岩波書店，182-186，1979.

4 ）ダニエル・E・リーバーマン：人体600万年史（下），早川書房，213-221，2015.

5 ）中野明：裸はいつから恥ずかしくなったか，新潮社，2010.

6 ）井上章一：パンツが見える，新潮社，2002.

7 ）コンラート・シュピンドラー：5000年前の男，文藝春秋，203-225，1994.

8 ）佐藤方彦：人間と気候，中央公論社，1987.

9 ）Gagge AP et al.：Practical system of units for the description of the heat exchange of man with his environment，Science，428-430, 1941.

10）山崎和彦，他：衣服内気流に及ぼす煙突効果とポンピング効果．日本生理人類学会誌，22(3)，121-128，2017.

11）アーネスト・S・バーチ：エスキモーの民族誌，原書房，65-67，1991.

3.3　食と栄養

```
┌─□キーワード ─────────────────────────────
│  食物，狩猟採集，調理，食文化，食欲，栄養，栄養素，消化，吸収，生活習慣病
└──────────────────────────────────────
```

3.3.1　人類と食

　人類は生命を維持するために**食物（food）**を摂取し，エネルギーを確保する。植物は太陽の光を利用し，光合成によって生命を維持するが，動物は太陽のエネルギーを直接利用し，エネルギーを確保することはできない。動物が生命を維持するためには外部から動植物を摂取し，体の中でアデノシン三リン酸（adenosine　triphosphate：ATP）を産生し，常に自らが利用できる形でのエネルギーを補給しなくてはならない。また，常に消耗していく体の構成成分を補充し，維持するためにも，外部からその素材を得なくてはならない。食物はそのエネルギーと素材の詰まったものであり，動物は生きるために他の動植物を食物として食べ続けなくてはならないのである。

　食べることは人が生きていくために欠かせないことであり，いかに安定して食料を確保するかは人類にとって重要な課題であった。人類は長い間，**狩猟採集（hunting and gathering）**によって食料を獲得していたが，より安定した食料確保を求めて農耕や牧畜を始めた。道具や火を使って料理をするようになったことは，他の動物との大きな違いである。また，食物を他者と共有し，分配することも他の動物には見られない人類の特徴である。人にとっての食事は単に空腹を癒したり，食物からエネルギーを確保したりするだけでなく，嗜好を満足させたり，食事を共にすることで人間関係を良好にするといった目的も含み，人の共同生活やコミュニケーションに関わる社会的な役割も担っている。

3.3.2　食の歴史的変遷

　人類が誕生してから長い間，人類は果実，種子，草，葉，昆虫などを採集し，狩猟によって野生の鳥獣肉を獲得して食料としていた。人類は石器などの道具を使用するようになると効率よく食料を確保できるようになった。また，道具の使用によって切る・刻む・混ぜるといったこれまで人の力だけでは不可能であった作業が可能になり，食べることのできる食材の範囲が拡大された。食物を他者と共有し，組織的に貯蔵するようになったことも人類の特徴である。

　さらに，人類が火を使用するようになったことで，食生活は変化し，食材の選択や**調理**（**cooking**），加工の方法は多様化した。加熱することによって，衛生面や消化の面で問題があった動植物を食べることができるようになった。生食できるものも加熱によって風味が増すなど，おいしく食べられるようになった。加熱することで酵素の働きを止め，微生物による腐敗を防ぐことができる。よって，食べ物の安全性は増し，保存性も高くなった。また，加熱することにより，食物が柔らかくなり咀嚼能力の弱い幼児や高齢者も喫食が可能となった。調理により**栄養素**（**nutrient**）が消化・吸収されやすくなることは，人に備わっている消化管の働きの一部を調理が補助することになる。効率的に栄養素を吸収することができるようになったため，人類の寿命延伸につながっていった。

　人類は長い間，狩猟・採集に頼った食生活を送っていたが，より安定した食料確保を求めて農耕や牧畜を始めた。約1万年前に農耕が始まったといわれるが，人類の歴史からすると短期間であり，農耕や牧畜によって，食料を生産するようになったことは人類の食生活に非常に大きな転換をもたらした。農耕や牧畜は各地の多様な気候・風土に影響を受け，各地域で異なる**食文化**（**food culture**）が形成された。

　石炭，ガス，電気が普及することにより，用いる熱源の種類やそれに合わせた食器や調理器具も工夫されてきた。はじめは自給自足の生活であったが，経済が発展し食の産業化が進む中で，食物が生産されてから食卓に至るまでの過程は，分業化が進み，多くのプロセスが外部化されるようになった。科学技術

の進歩によって食料の大量生産，大量輸送，長期保存が可能となると，食品の商品化や生産の効率化が進み，他国との輸出入も盛んになった。インスタント食品・冷凍食品・レトルトパウチ食品などの加工食品や中食産業・外食産業も急速に発展し，現在では世界各地の食材や料理も入手できるようになった。

3.3.3　食欲

　人は食物を食べて外部から栄養を補給しなければ生命を維持することができない。そのため，摂食行動は人の本能的な行動のひとつであり，空腹感，満腹感といった内的要因によって食物摂取が調節されている。これを恒常的（homeostatic）調節機構と呼ぶ。

　空腹感や満腹感の食欲（appetite）は主に消化管から分泌されるペプチドホルモンによって調節されている。胃から分泌され食欲を増進させるグレリンや，十二指腸や空腸から分泌され摂食を抑制するコレシストキニンなどの消化管から分泌されるさまざまなペプチドホルモンの刺激が脳に伝達されることによって空腹感や満腹感が起こると考えられている[1]。

　また，胃の収縮や拡張，血糖値の上昇によっても食欲は調節される。胃の中の食物がなくなると胃は収縮運動をおこし，空腹感が起こる。一方，食物を摂取し，胃の中に食物が満たされれば，胃壁が拡張し胃に分布している迷走神経が脳に刺激を与えて満腹感が起こる。食物を摂取し，血糖値が上昇することによっても脳の満腹中枢が刺激され，満腹感はおこる。さらに，食欲抑制ホルモンであるレプチンも食欲の調節に関与する。レプチンは脂肪組織から分泌され，脳にある受容体に結合するとその量によって食欲が調節される。体脂肪が増加すると，レプチンの量も増加し，食欲が低下する。この調節機構によって体重が急激に増加しないように制御されている。しかし，脂肪細胞が過剰に蓄積すると脳のレプチン受容体の感受性が低下して，レプチンが増えても食欲の抑制が効きにくくなることもわかっている。また，インスリンも食欲に関係し，インスリン分泌量が少ないと，食欲が落ちにくくなる。このように食欲はさまざまな成分の複雑な相互作用により，巧妙に調節されているのである。

恒常性を維持するために満腹感や空腹感は調節されているが，これとは別に「食べたい」という欲望は存在する。エネルギーや栄養素の過不足とは異なる摂食行動の調節には脳内報酬系が関与し，快楽的（hedonic）調整機構と呼ばれている。味や臭いなどの外的な刺激や過去の記憶，健康状態，精神状態などは食欲に影響を与える。人が食べることによって満足感や幸福感を得るのも，この調整機構の働きによる。味覚や嗅覚による食欲の制御は，食べて良いものと悪いものの学習によるものと解釈され，どんな味，どんな臭いと識別する感覚より快・不快の感情が先に立つ主情的感覚の性格をもつ。快い味・香りは食欲中枢を刺激し，不快な味・香りは食を忌避させる。

3.3.4　食物と栄養

栄養（**nutrition**）とは，生物が外部から必要な物質を摂取して利用することにより，生命を維持していくことをいう。その必要な物質を食物と総称し，それを構成する成分を栄養素という。

食物は，人にエネルギーと栄養素を供給する。食物に含まれる，糖質，脂質，タンパク質は多量に摂取されエネルギー源として重要なため，三大栄養素と呼ばれる。栄養素の働きを**表3.1**に示す。

糖質はエネルギー源としてもっとも多く利用される栄養素である。血液中の糖（血糖）はブドウ糖であり，ブドウ糖は細胞内で酸化され，エネルギーを生成する。体内での糖はグリコーゲンとして肝臓と筋肉に貯蔵される。糖質とタ

表3.1　栄養素の働き

糖質	エネルギー源
脂質	エネルギー源，細胞内膜成分の構成成分
タンパク質	体組織の構成成分，代謝の調節（酵素，ホルモン），エネルギー源
無機質	骨などの構成成分，代謝の調節
ビタミン	代謝の調節

ンパク質をエネルギー供給の面から考えると，それらの生理的燃焼価（実際に燃焼して発生する燃焼熱を示す物理的燃焼価に対して，体内で実際利用可能な燃焼価をいう）は，それぞれ 1 g あたり， 4 kcal となる（アトウォーター係数）。

　脂質は三大栄養素のなかで 1 g 当たりのエネルギーが 9 kcal と最も高く，貯蔵脂肪として体内でエネルギーを効率よく貯える。そのため，脂質からだけでなく，過剰に摂取した糖質やタンパク質も脂肪に変えられて体内に貯蔵される。貯蔵脂肪はエネルギーが必要なときに脂肪酸とグリセロールに分解され，エネルギーとして利用される。脂質の内，リン脂質やコレステロールはエネルギー源としてではなく，細胞や組織の構成成分として働く。

　人体の組成を化学的にみると，最も多いのは水分（約60%）である。タンパク質は約16%を占めているが，糖質はわずか0.5%程度である。タンパク質は主に細胞や組織の構成成分として重要な役割を果たし，一部はエネルギー源として使われることもある。また，タンパク質は体内で酵素やある種のホルモンの素材として代謝の調節に重要な役割を果たしている。体タンパク質は常に代謝され，少しずつ入れ替わっているので，その分だけは必ずタンパク質として食物からとらなくてはならない。食物中のタンパク質は約20種類のアミノ酸から構成されているが，このうち 9 種類は，人間の体内で合成できないので，食物から摂取しなくてはならない。これを必須アミノ酸という。人は長い間，狩猟採集に頼った食生活を送ってきたが，狩猟採集時代には現代の我々よりも非常に多くのタンパク質を摂取していたと考えられている[2)3)]。タンパク質を多量に摂取する食生活を送る間に，外から容易に摂取できるアミノ酸のいくつかを体内で生産する機能を失う（その遺伝子発現が止められた）ことになったと考えられている。

　三大栄養素の他にも食物には水分や無機質（ミネラル），ビタミンなど生命を維持するために不可欠な微量栄養素が含まれる。無機質やビタミンはエネルギー源にならないが体組織の構成成分や体内での代謝を調節する役割を持つ。タンパク質と同様に狩猟採集時代には現代の我々よりも非常に多くの無機質や

ビタミンを摂取していたようである。しかし唯一，ナトリウムは現代の約20%程度の摂取であったと推測され，現代の方が5倍も多く摂取している。狩猟採集時代には食物にもともと含まれるナトリウムのみを摂取していたが，現在は調味や食品の加工，食品の保存の目的で多量の食塩（塩化ナトリウム）を用いている。一方，現代では食物繊維の摂取量が大幅に減少している。狩猟採集時代には果実，種子，草，葉，未精製の穀物などを摂取していたが，現代の食生活では精製された穀類（すなわちデンプン）を中心とした消化の良い食物を食べるようになり，食物繊維の摂取量が非常に少なくなった。食物繊維はエネルギー源として利用されないが，腸内環境を整え，**生活習慣病（lifestyle-related diseases）** を予防するなどのさまざまな生理作用が明らかとなり，注目されている。

3.3.5　消化と吸収

　人は動植物を食物として摂取し，栄養としている。人が摂取した食物を体内に取り入れて栄養とするためには，まず消化器の働きにより**消化（digestion）**し，体内に**吸収（absorption）**できる形まで分解しなければならない。ヒトの消化は，機械的消化（物理的消化），化学的消化，生物的消化の3つに分類できる。機械的消化とは口腔内での咀嚼や胃や腸の蠕動運動などにより食物を粉砕し，消化液と混和し，輸送することである。化学的消化とは消化液中の消化酵素や小腸の粘膜表面に存在する消化酵素の作用によって食物が化学的に分解されることである。生物的消化とはヒトの消化酵素では分解することのできない食物繊維などの残渣が，大腸内に存在する細菌の作用により分解（発酵）されることである。消化管で消化され，小さな化合物となった食物は，消化管粘膜を通して血管内またはリンパ管内に取り入れられる。これを吸収といい，栄養素のほとんどは小腸から吸収される。

　人は手や道具を使って食物を口に運ぶ。口に運ばれた食物は口腔内で咀嚼される。咀嚼により粉砕された食物は唾液と混和され，唾液中の消化酵素によって一部が分解される。咀嚼された食物は歯，舌の動きにより食塊を形成し嚥下

される。嚥下された食塊は食道の蠕動運動により胃に送られる。胃では食塊を一時的に貯留し，蠕動運動によって消化液と撹拌する。胃液にはペプシンが含まれ，タンパク質を酵素的に分解する。また，胃液は強い酸性であり，食物中の微生物を殺菌する働きもある。その後，内容物は少しずつ十二指腸に排出される。胃からの排出速度は摂取した食物の種類によって異なり，液体の食物はすぐに排出が始まるが，固形の食物は幽門部を通過できる大きさにまで消化されてから排出が始まる。食物の成分によっても胃内滞留時間は異なり，一般的に，糖質，タンパク質，脂質の順に胃内滞留時間が長くなる。

　消化・吸収の大部分は小腸で行われる。十二指腸に食物が到達すると，膵臓から膵液が分泌され，胆嚢からは胆汁が分泌される。膵液中にはアミラーゼ，リパーゼ，トリプシンやキモトリプシンなどが含まれ，これらの消化酵素によって化学的消化が行われる。

　人は植物に含まれる多糖類であるデンプンを主なエネルギー源として摂取している。デンプンは唾液および膵液中のアミラーゼによって二糖類のマルトース（麦芽糖）やデキストリンに分解され，さらに小腸粘膜表面に存在する消化酵素（マルターゼ）によってグルコース（ブドウ糖）に分解されて吸収される。二糖類のラクトース（乳糖）とスクロース（ショ糖）はそのまま小腸の粘膜に運ばれ，小腸の粘膜表面に存在する消化酵素（ラクターゼ，スクラーゼ）によって単糖類に分解されて吸収される。乳に含まれるラクトースを分解するラクターゼは，本来，母乳を摂取する乳児期に活性が高く，離乳とともに活性が低下するものであった。しかし，人が酪農を始めて，大人も乳を摂取するようになると，離乳後もラクターゼ活性が持続する人が出現した。これは進化の過程で，乳を消費する生活に適応したものと考えられている。

　大腸では主に水分と電解質が吸収される。また大腸内には多数の腸内細菌が存在し，その働きによって人の消化酵素では消化できない食物繊維や難消化性糖質などの未消化物が分解される。未消化物の分解によって炭酸ガス，水素，有機酸などが発生したり，アミノ酸の分解によって有害物質が発生したりする。分解によって生じた，有機酸の一種である短鎖脂肪酸は大腸の主要なエネ

ルギー源となるほか，上皮細胞の増殖や蠕動運動を促進する。

3.3.6　食と健康

　人は新生児から乳児期，幼児期，学童期，思春期という成長・発達の時期から成人になり，老年期（高齢者）を経て死に至る。それぞれのライフステージごとに望ましい栄養があり，女性の場合は妊娠期や授乳期にも配慮が必要となる。

　胎児と乳児の発育には，母体の栄養状態が大きく影響する。母体の栄養状態が悪く，体重増加が不十分な状態で出産すると，出生体重が軽くなり，低出生体重児のリスクが増える。低出生体重は出生後から新生児期の合併症のみならず，成人期の生活習慣病やメンタルヘルス，癌などのリスクが高まるという報告もある[4]。

　幼児期から思春期の成長期では生命維持のためだけでなく，成長・発達のためにも栄養が重要である。この時期に栄養不良となると，身長の伸びが少なく，骨成熟が遅れ，少女の場合は初潮が遅れるなど正常な発育に障害が生じる。さらに，免疫機能の不全から感染症に対する抵抗力も低下する。そのため，エネルギーやタンパク質をはじめ無機質，ビタミンも十分に摂取する必要がある。女性では月経がはじまると血液の損失により鉄欠乏を生じやすい。また，子どもにとって食事をみんなで楽しむことや，さまざまな食材にふれる等の経験を積み重ねることは，五感を豊かにし，体だけでなく心を成長させることにもつながる。

　成人での食と健康の問題は，ひとつは低栄養によるものであり，もうひとつは過剰栄養によるものである。栄養不良によるタンパク質・エネルギー欠乏症（protein energy malnutrition : PEM）は体重の減少をもたらすが，それは貯蔵エネルギー源である，肝臓と筋肉のグリコーゲンの消費，次に体脂肪，最後には自らの体を作るタンパク質を代謝に利用することによる。低栄養状態に陥ると，免疫機能は弱くなり，皮膚や筋肉の耐久性も低下する。ビタミンの摂取が不十分であれば，ビタミン欠乏症をおこす。

　一方，過剰栄養による健康問題は肥満であり，摂取エネルギーが消費エネルギーを上まわる結果，体脂肪の蓄積が増加し肥満を生じる。肥満により高血圧，糖尿病，脂質異常症のリスクは高くなり，腎臓，関節，呼吸器にも障害をもたらす。近年，このような肥満を引き金とした生活習慣病の増加も問題となっている。

　人類は誕生してから数百万年にも及び狩猟採集生活を送っていた。狩猟採集の生活ではタンパク質や無機質，ビタミンを豊富に含む食物を摂取していたのである。農耕がはじまり，糖質を主なエネルギー源とした消化の良い食物を食べるようになった。この食生活の変化は，わずか1万年前に起こったことである。さらに，経済や産業が発展する中で，輸入食品は増加し，コンビニエンスストア，ファストフード店など中食，外食産業も急速に発展した。遺伝子組み換え食品や保健機能食品などのこれまでにない新たな食品も登場している。各地の多様な気候・風土に影響を受けて形成されてきた食文化は世界中で共有されるようになり，食物が生産されてから食卓に至るまでの過程は複雑になり，見えにくくなっている。栄養素の摂取量だけでなく食事の内容や食べ方などの食を取り巻く環境の多様化も進んでいる。人類の進化・適応と食生活変化の乖離が文明病をもたらしたとも考えられており，人類の食は，未だ新しい食環境への適応の途上といえるかもしれない。

引用・参考文献

1) Duca FA, Covasa M. : Current and emerging concepts on the role of peripheral signals in the control of food intake and development of obesity, Br J Nutr, 108: 778-793, 2012.

2) Eaton SB, Konner M. : Paleolithic nutrition. A consideration of its nature and current implications, N Engl J Med, 312: 283-289, 1985.

3) Eaton SB, Cordain L. : Evolutionary aspects of diet: Old genes, new fuels. Nutritionl changes since agriculture, World Rev Nutr Diet, 81: 26-37, 1997.

4) de Boo HA, Harding JE. : The developmental origins of adult disease（Barker）hypothesis, Aust N Z J Obstet Gynaecol, 46(1): 4 -14, 2006.

3.4　睡眠

┌─ □キーワード ─────────────────────────────
　脳波，睡眠ポリグラフィー，ノンレム睡眠，レム睡眠，徐波睡眠，睡眠・覚醒リズ
ム，深部体温，寝床気候，生活の質，中性温度
└──────────────────────────────────────

3.4.1　睡眠とは

　睡眠は，「人間や動物の内部的な必要から発生する，覚醒可能な意識水準の
一時的な低下現象」と定義され，「必ず覚醒可能なこと」が条件として加えら
れる。この定義では，内部的な必要に該当しない催眠，薬物による意識低下，
覚醒できない麻酔，昏睡，冬眠などは睡眠と区別される。

(1)　睡眠段階

　脳の電位変動を脳波計で記録したものが**脳波**（**electroencephalogram：
EEG**）である。脳波の周波数や振幅，波形は眠りの深さに対応しているた
め，睡眠の客観的な測定は脳波，眼球運動，筋電図（オトガイ筋）を同時に記
録する**睡眠ポリグラフィー**（**polysomnography：PSG**）により行われる。記録
された睡眠ポリグラフィーを用いて，国際睡眠段階判定基準[1]に従い睡眠段階
の判定をする。睡眠段階は大きく**ノンレム睡眠**（**non-REM sleep**）と**レム睡眠**
（**rapid eye movement sleep：REM**）の2つに分けられる。ノンレム睡眠はさ
らに第1〜4段階に分類され，段階が増すほど深い睡眠になる。睡眠段階1は
うとうとした状態，第2段階は浅い睡眠，第3と第4段階は深い眠りを示し，
両者をあわせて**徐波睡眠**（**slow wave sleep**）と呼ぶ。レム睡眠は，脳波はノ
ンレム睡眠の第1段階か覚醒に近い状態であるが，筋電位が最低水準まで低下す
る。また，瞼の下で眼球に急速な運動（急速眼球運動）が見られ，夢を見てい
ることが多い。正常な睡眠は，就寝後20分以内にノンレム睡眠の第1段階に入

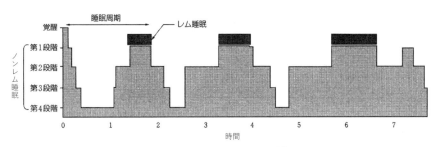

図3.8 正常な睡眠経過図[26]

通常の睡眠は，覚醒からノンレム睡眠の第1～4段階を経てレム睡眠に入る。ノンレム睡眠から，レム睡眠までが睡眠周期である。

り，第2～4段階へと短時間で深くなる（**図3.8**）。90～100分のノンレム睡眠の後，レム睡眠が出現する。ヒトの睡眠は，ノンレム睡眠とレム睡眠の睡眠周期を4～6回繰り返し，徐波睡眠は睡眠前半，レム睡眠は睡眠後半に出現時間が長い。成人の正常な一晩の睡眠段階の出現率は，睡眠段階1は5％，睡眠段階2は50％，睡眠段階3と4は20％，レム睡眠は25％程度である。高齢者では中途覚醒が増加し徐波睡眠が減り，子どもでは中途覚醒が少なく徐波睡眠が多い。

⑵ 睡眠中の生理

　睡眠中の生理機能では，身体の深い部分の温度である**深部体温**（**core body temperature**）が睡眠と深く関連している。深部体温は，24時間を周期として増減するサーカデイアンリズムを持ち，午後6時頃が最高，午前3時頃が最低になる。一方，人は夜間に眠り，日中は活動するという周期を24時間で繰り返す**睡眠・覚醒リズム**（**sleep-wake rhythm**）を持つ。深部体温と睡眠・覚醒リズムには一定の関係があり，深部体温が低下するときに睡眠は起こりやすく，上昇するときには起こりにくい。就寝・起床時刻が不規則な睡眠習慣や交替制勤務などでは，深部体温と睡眠・覚醒リズムの関係が崩れ，不眠や日中の眠気，さまざまな健康被害が起こる。睡眠・覚醒リズムの変更は容易であるが，体温のリズムの変更には1週間程度かかるためである。就寝・起床時刻を規則

的にすることが質の良い睡眠には重要である。サーカディアンリズムで低下した深部体温は，睡眠の影響を受けてさらに低下する[2]。入眠する約30分前から皮膚温が上昇し，放熱が行われ深部体温は低下する（**図3.9**）。皮膚温の上昇は，手や足の末梢皮膚温で顕著に見られる。睡眠中の皮膚温はほぼ一定に保たれるが，深部体温は低下した後，起床に向け上昇する。高齢者では深部体温の低下が抑制される[3]。一方，幼児では末梢よりも胸の皮膚温で睡眠時の放熱を行い，主に放熱が行われる部位が成人と異なる[4]。深部体温と皮膚温の維持に重要なのが，人体と寝具の間にできる空間の温度と湿度である**寝床気候（bed climate）**である。快適な寝床気候は温度32〜34℃，相対湿度50±5％の温暖でやや乾燥した環境になる[5]。睡眠維持には，入眠前から入眠後にかけて深部体温が低下し[2]，皮膚温と寝床温度がほぼ一定に保たれることが重要である[6]。

　呼吸数や心拍数，心臓自律神経活動は，副交感神経活動が優位になるノンレム睡眠では低下し，交感神経活動が一過性に優位になるレム睡眠では不規則になり増加する。睡眠中の呼吸数や心拍数は入眠とともに低下し，レム睡眠で不規則になる時期を繰り返し，起床に向け上昇する。

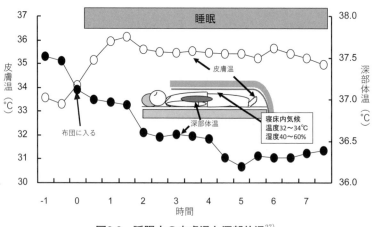

図3.9　睡眠中の皮膚温と深部体温[27]

3.4.2 日本人の睡眠

10歳以上の日本人を対象とした調査では，平日の睡眠時間は1960年の約 8 時間15分から2010年の 7 時間14分まで減少を続けたが，2015年は 7 時間15分と減少が止まった[3)7)]。1970年には61％が23時までに就寝していたが，1995年以降は約34％で推移し，起床時刻には大幅な変化がないため，就寝時刻の遅延が睡眠時間を短縮したと考えられる[7)]。睡眠時間の短縮した要因には，テレビ，ビデオ，インターネットの普及，交替制勤務の増加や24時間社会による生活の夜型化が挙げられる[3)]。特にインターネットの使用率と使用時間は2005年以降増加が続いており，使用率は21：30〜23：00で高く，平均使用時間は平日で約 2 時間である[7)]。成人に必要な睡眠時間は 7 〜 9 時間とされている[8)]。しかし，20歳以上を対象とした2017年の調査では，日本人男性の36％，女性の42％が 6 時間未満の睡眠時間であり，睡眠で休養が十分にとれていない者は20％と2009年から増加している[9)]。不眠や睡眠不足は糖尿病などの生活習慣病，抑うつ，肥満，便秘などのさまざまな健康被害のリスクを高め，認知機能の低下から事故も増加する[2)3)]。子どもでは感情制御能力や学力が低下し，問題行動が増加する[4)]。日本人の睡眠時間の短さは国際的に際立っており，睡眠教育や社会環境の改善が求められている。

3.4.3 睡眠と環境

睡眠に影響を及ぼす三大環境要因は温熱，音，光であり，最も影響が大きいのは温熱である。健康で睡眠に問題のない人でも，環境要因が劣悪であれば睡眠は妨げられ，日中の**生活の質（quality of life：QOL）**が低下する。快適な睡眠環境は，健康や QOL を維持するために欠かすことはできない。

⑴ 温熱環境

裸体で就寝した場合，睡眠の質が最も良いのは，暑くも寒くも感じない**中性温度（thermal neutral temperature）**の29℃である。中性温度よりも高く，または低くなるに従って覚醒が増加し，レム睡眠と徐波睡眠が減少する[10)]。覚醒

の増加は低温環境で高温環境よりも多く，低温環境の方が睡眠に及ぼす影響は
大きい。しかし，実生活では環境温度だけでなく寝具や寝衣を考慮する必要が
ある。日本では，夏季の高温多湿環境と冬季の低温環境が問題となる。

(a)　高温環境

　高温環境では覚醒が増加し，レム睡眠と徐波睡眠が減少する[11]。睡眠時は覚
醒時より体温調節機能が低下する。徐波睡眠やレム睡眠を減少させ，覚醒を増
加することで体温調節機能を維持していると考えられている。また，睡眠時の
深部体温の低下も抑制され，高温環境での覚醒の増加が睡眠前半で顕著である
ことと関連している。高温多湿な日本の夏は，湿度がさらに睡眠を妨げる。同
じ高温環境でも，湿度が高いと覚醒がさらに増加し，徐波睡眠とレム睡眠が減
少する[11]（**図3.10**）。深部体温の低下もさらに抑制され，暑熱負荷が増大する。
人は，かいた汗が蒸発する際の気化熱を利用して放熱を行うが，高温多湿環境
では汗が蒸発しにくく，放熱が十分に行えないため深部体温が低下しにくい。
さらに，90％まで上昇する寝床湿度も睡眠を妨げる。寝具や寝衣を用いた場

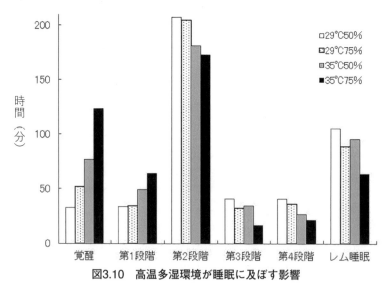

図3.10　高温多湿環境が睡眠に及ぼす影響
被験者は掛寝具と寝衣は使用せず，ショーツ一枚で就寝。一晩の出現時間を示した。

合，睡眠に影響を及ぼさない室温の上限は28℃といわれている[5]。

　これらの影響は，高齢者では若年者よりも増大する。高齢者では，そもそも徐波睡眠が若年者よりも減少しているため，徐波睡眠に影響はないが，覚醒が増加し，レム睡眠が減少する。体温調節能力の低下から，深部体温の低下も顕著に抑制され，発汗量も増加するため脱水が懸念される[3]。

　高温環境では，寝具や寝衣の調節では限界があり，冷房が必要になる。冷房は一晩使用が望ましいが，タイマー設定で使用する場合は睡眠前半に約4時間使用することが推奨される。睡眠前半に使用することで徐波睡眠が確保でき，深部体温も低下する[11]。高温環境での寝具は，保温性が低く，透湿性の高い，固めの敷布団やベッドパッド，麻などのシーツ，冷却枕を選ぶことで，暑さを軽減し，冷房を必要とする29℃前後でも冷房を使用せずに済む，または冷房の設定温度を高くする省エネルギー効果が期待できる[11]。

　産業革命以降，人は化石燃料を用いて経済を成長させた結果，CO_2濃度が上昇し地球温暖化が進んでいる。気象庁のデータでは，日本で初めて冷房が発売された1957年，東京の8月の外気温は平均26℃，最高34℃であったが，2018年は平均28℃，最高39℃と上昇している。湿度は77〜80％と変わらず多湿であり，高温によるストレスは厳しくなっている。日本のオフィスや家庭内のエネルギー消費は，日本の総エネルギー消費の1/3を占め，2017年には1970年よりも約2倍に増加している[12]。都市で高層・高密度化した建築物が，日中に蓄積した熱で夜間温度を上昇させるヒートアイランド現象も問題となっている。持続可能な社会を構築するために，省エネルギーを図り，健康で快適な設備の開発が望まれる。一方，人間には適応という重要な機能があり，これは暑熱曝露により育成される。高温環境で5日間連続して就寝すると，睡眠段階では覚醒の増加が続くが，体温調節機能は改善される[13]。人工環境に頼りきるのではなく，日中だけでも無理のない範囲で体温調節機能を向上させる，あるいは低下させない努力も重要である。

(b)　低温環境

　低温環境では，裸体では29℃未満で覚醒が増加し，レム睡眠と徐波睡眠が減少するが[10]，寝具や寝衣を使用すると若年者では3℃，高齢者でも9℃までは影響がない[14]。環境温度が低くとも，寝具の保温性が十分であれば寝床温度は維持されるためであり，寝具の重要性を示唆している。低温環境では，環境温度の低下とともに深部体温の低下が増大する。また，足の皮膚温や寝床温度の低下が，寒さによる不眠と関連があると考えられている[14]。

　低温環境で重要なのは，睡眠に影響はなくとも心臓自律神経活動に影響があることである（図3.11）。10℃以下の環境では，睡眠段階2と徐波睡眠で心臓自律神経活動の副交感神経活動が優位になる[15]。就寝時，身体は寝具に入っているため，頭部のみが低温に曝露される。顔面のみが冷却されると，心臓自律神経活動は副交感神経が優位になるが，末梢神経活動は交感神経活動が優位になり，心臓と末梢で自律神経活動が一致しない特殊な反射が起こる。この反射や，低温の吸気は血圧の上昇を招く[16]。睡眠段階2と徐波睡眠は睡眠全体の約70%を占めており，本来は血圧が低下するこれらの睡眠段階で，血圧の低下が妨げられている可能性がある。また，起床時や夜間覚醒時，睡眠段階2からレム睡眠へ移行する際に，心臓自律神経活動が急激に変化する。睡眠時に血圧が低下しないことや，心臓自律神経の急激な変化は心臓疾患と深く関連している[17]。このようなことから，冬季の寝室は10℃より高く保つことが望まれる。寝具は，掛寝具よりも敷布団を増やす方が保温性は高くなる。電気敷毛布などは，就寝前にあらかじめ加温し，寝る前に電源を切ると過剰な加温を防止できる[14]。

　低温環境でも睡眠を維持できる例もある。低温環境で眠る習慣のあるオーストラリア先住民は，低温環境に慣れていない白人では寒くて眠れない環境でも，眠ることができる[18]。旧石器時代，人の睡眠では暑さよりも寒さが重大な問題であり，火の使用は特に重要であった。その後，自然環境や文化などのさまざまな要因と歴史を経て，寒さに対処する各地域の眠り方が現れた。毛皮の使用や，テントの中にさらに小さいテントを作るなどの二重構造は多く見られ

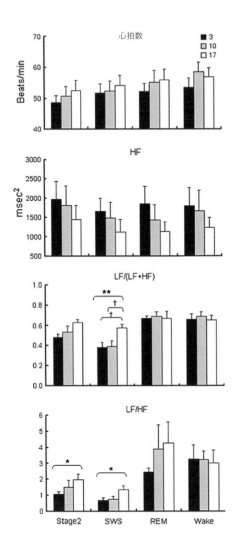

図3.11　低温環境下での心臓自律神経活動[15]

HF は副交感神経活動の指標であり，値が大きいほど副交感神経活動が優位であることを示す。LF/(LF + HF)，LF/HF は交感神経と副交感神経のバランスを示し，値が大きいほど交感神経活動が優位であることを示す。室温 3 ℃，10℃，17℃での結果を示している。Friedman 検定　$^*p<0.05$，$^{**}p<0.01$．Scheffe の post-hoctest.　$^†p<0.05$

ている[19]。火からの輻射，保温性と吸湿性の高い獣毛繊維，二重構造の防寒は利にかなっている。高温環境は睡眠を妨げ不快なため，人は環境を改善する。しかし，低温環境は寝具の保温性が十分であれば睡眠に影響がないため，自覚のないまま心臓自律神経活動が影響を受けている可能性がある。現在も睡眠時の低温環境は高温環境よりも影響が大きいと考えられる。

(2)　光環境

　光環境は生体リズムと深く関連しているが，2.3で述べられているのでここでは割愛する。就寝前に，一般的な部屋の照度（90〜180 lx）や短波長の光（ブルーライト）に曝されると主観的な覚醒度が上昇し，睡眠が妨げられる。ブルーライトは，蛍光灯や LED などの照明，スマートフォンなどの OA 機器から照射される。就寝前は，30 lx 程度の低照度の白熱灯にし，OA 機器は使用を控えることが重要である[2]。睡眠中は0.3 lx で睡眠が良好であり，30 lx 以上で徐波睡眠やレム睡眠が減少し，50 lx では睡眠中に布団や腕で顔を覆うなどの光を避ける行動が睡眠を妨げる[20]。0 lx の暗闇は不安感が睡眠を妨げるため，睡眠中は豆電球程度の明るさが好ましい[20]。起床時は，起床前に寝室の照度を漸増させると，起床時や日中の気分，日中活動が改善する[2][21]。このような起床方法によって，日中の QOL も改善する可能性がある。

　人工光源の始まりである火の単位時間当たりのエネルギーは低く，5 W 白熱灯の1/5と推定されている[2]。電力による発光技術は，発光エネルギーの効率化とともに白熱灯，蛍光灯，LED という段階で進んでいる。夜間の一般的な室内照度はここ100年で約100倍の増加が推定され，ブルーライトの増加も著しい[2]。夜間の過剰な照度とブルーライトが，睡眠時間の短縮や睡眠を妨げる要因になっている。

(3)　音環境

　音環境で睡眠を妨げるのは，主に騒音である。実生活では，同じ騒音でも住宅の遮音性能，同居者や同寝室者による音，音に対する感受性の個人差が睡眠

に影響を及ぼす。騒音は，40 dB 以上になると睡眠潜時の延長と早朝覚醒による睡眠時間の短縮，睡眠段階の移行回数の増加，徐波睡眠とレム睡眠の減少が見られる[22]。また，起床時のコルチゾールなどのストレスホルモン，日中の眠気や疲労感も増加する[22]。同じ騒音でも，一定に続く連続騒音よりも，間隔的に起こる間欠騒音の方が影響は大きい。長期の騒音曝露では，覚醒が減り不眠の自覚もなくなるが，心拍数などの心臓自律神経活動は改善しない[33]。

　実生活では，交通騒音が問題となることが多く，飛行機や電車は車よりも影響が大きい。寝室内で推奨される騒音レベルは，成人で30 dB 以下である[5]。

⑷　災害時の環境

　災害時は，避難所の環境が睡眠に影響を及ぼす。東日本大震災時の高齢者では，被害がなかった自宅に避難した場合よりも避難所で著しく睡眠が妨げられていた（**図3.12**）[23]。避難所は，温熱，光，音などの劣悪な環境要因が複数重

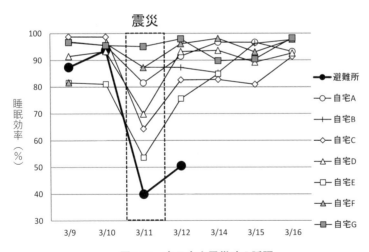

図3.12　東日本大震災時の睡眠

高齢者 8 名（避難所 1 名，自宅避難 7 名）の睡眠効率（寝ていた時間 / 布団に入っていた時間）を示す。震災当日（2011年 3 月11日）に避難所で就寝した被験者では，普段の半分以下まで低下し，翌日も改善しなかった。

なる過酷な睡眠環境である。

　避難所は主に学校などの体育館に設置され，災害直後は寝具の配布はなく，防災毛布も必ず配布されるわけではない。寝具を持ち込めない場合，床か防災毛布のみで就寝する。また，多人数が集まるため場所も確保できず，見知らぬ人と就寝する。床の固さからくる身体の痛み，埃による咳が睡眠を妨げる。避難所では，運搬が容易で省スペースで使用できる寝袋やマスクが必要である。体育館には空調がないため，低温環境では段ボールや新聞紙などを床に敷き，床の保温性を確保することが必須である。夏は，室温が26℃でも多人数が集まることで暑熱負荷が増加し，子どもでは22℃でも暑さで睡眠が妨げられる。体育館は音が反響しやすく，声や物音，歩行による床の音が複合され，35～70 dB の間欠騒音になる[23]。また，消灯してもトイレ覚醒などのため懐中電灯の点灯が睡眠を妨げる。近年，一部の避難所では簡易ベッドとして段ボールベッドが導入され，睡眠時の騒音，咳，寒さ，寝具の固さや痛みの改善が確認されている[23]。

　現在の避難所は1930年の北伊豆地震以来，約86年間変化していない[24]。日本の避難所は，国際的にも非常に遅れている。イタリアでは災害発生後48時間以内に，市民保護局（Protezione Civile）が簡易空調，ベッド，寝具付きの大型テントを5～6人にひとつ支給し，食事やトイレ，シャワーを備えた避難所を設営することが制度化されている[24]。東日本大震災での災害関連死の33%は避難所の環境が原因であり[25]，人命を守るために避難所の改善は急務である。

引用・参考文献

1 ）Rechtschaffen A, Kales A.：A manual of standardized terminology, techniques and scoring system for sleep stages of human subjects, Public Health Service U. S. Government Printing Office, USA, 1-59, 1968.

2 ）日本睡眠学会（編）：睡眠学，朝倉書店，2009.

3 ）白川修一郎（編）：睡眠とメンタルヘルス，ゆまに書房，2006.

4 ）駒田陽子，井上雄一（編）：子どもの睡眠ガイドブック，朝倉書店，2019.

5 ）鳥居鎮夫（編）：睡眠環境学，朝倉書店，1999.

6) Van Someren, EJ. : Mechanisms and functions of coupling between sleep and temperature rhythms, Prog Brain Res, 153:309-324, 2006.

7) NHK 世論調査部（編）：日本人の生活時間，日本放送出版協会，1990/2015.

8) National Sleep Foundation. https://sleepfoundation. org/how-sleep-works/how-much-sleep-do-we-really-need. 2019年7月26日アクセス

9) 厚生労働省：平成29年国民健康・栄養調査結果の概要（https://www. mhlw. go. jp/content/10904750/000351576. pdf 2019年7月26日アクセス）

10) Haskell EH, Palca JW, Walker JM, Berger RJ, Heller HC. : The effects of high and low ambient temperatures on human sleep stages. Electroencephalogr Clin Neurophysiol, 51:494-501, 1981.

11) 水野一枝：高温環境と睡眠，被服衛生学，31:2-9, 2012.

12) 経済産業省資源エネルギー省：エネルギー白書2019（https://www. enecho. meti. go. jp/about/whitepaper/2019pdf/whitepaper2019pdf_2_1. pdf 2019年7月26日アクセス）

13) Libert JP, Di Nisi J, Fukuda H, Muzet A, Ehrhart J, Amoros C. Effect of continuous heat exposure on sleep stages in humans, Sleep, 11:195-209, 1988.

14) 水野一枝，水野康：低温環境と睡眠，被服衛生学，35:2-11, 2016.

15) Okamoto-Mizuno K, Tsuzuki K, Mizuno K, Ohshiro Y. : Effects of low ambient temperature on heart rate variability during sleep in humans, Eur J Appl Physio, 105:191-197, 2009.

16) Heindl S, Struck J, Wellhoner P, Sayk F, Dodt C. : Effect of facial cooling and cold air inhalation on sympathetic nerve activity in men, Respir Physiol Neurobiol, 142:69-80, 2004.

17) Viola AU, Simon C, Ehrhart J, Geny B, Piquard F, Muzet A, Brandenberger G. : Sleep processes exert a predominant influence on the 24-h profile of heart rate variability, J Biol Rhythm, 17:539-547, 2002.

18) Scholander PF, Hammel HT, Hart JS, LeMessurier D H, Steen J. : Cold adaptation in Australian aborigines, Journal of Applied Physiology, 13:211-218, 1958.

19) 吉田集而（編）：眠りの文化論，平凡社，2001.

20) 岡田モリエ，高山喜三子，梁瀬度子：寝室の照明が睡眠経過におよぼす影響，家政学研究，28:58-64, 1981.

21) Gabel V, Maire M, Reichert CF, Chellappa SL, Schmidt C, Hommes V, Cajochen C. : Effects of artificial dawn and morning blue light on daytime cognitive performance, well-being, cortisol and melatonin levels, Chronobiology international, 30:988-997, 2013.

22) Muzet A. : Environmental noise, sleep, and health. Sleep Med Rev, 11:135-42, 2007.

23) 日本睡眠改善協議会（編）：睡眠改善学 第2版，ゆまに書房，2019.

24) 水谷嘉浩：避難所の景色を変える　熊本地震の報告，繊維製品消費科学，57：872-878，2016.

25) 復興庁震災関連死に関する検討会：東日本大震災における震災関連死に関する報告（http://www. reconstruction. go. jp/topics/240821_higashinihondaishinsainiokerushinsaikan ren-shinikansuruhoukoku. pdf　2019年7月26日アクセス）

26) 日本家政学会被服衛生学部会：アパレルと健康－基礎から進化する衣服まで，井上書院，pp. 90，2012.

27) 大川匡子，高橋清久監修：睡眠のなぜに？答える本，株式会社ライフサイエンス，pp. 54，2019.

3.5　労働

┌─□キーワード ───────────────────────
│
│　生業，狩猟採集，農耕革命，産業革命，情報革命，分業，児童労働
│
└────────────────────────────────

3.5.1　労働とは

　労働は，現在では身体や知力をつかい賃金や報酬を得る活動を意味するが，これは近代以降の考え方であるといえるだろう。**産業革命**（**industrial revolution**）以前の農耕社会や狩猟採集社会における労働とは，「生きるための活動」という意味の「**生業**（**subsistence**）（サブシステンス）」というのが適している。

　労働は余暇と対比される活動とも定義できる。しかし，狩猟，採集，漁労そして農耕のように自然に依存して食物を獲得する生業活動は，楽しみや喜びの要素を多分に含んでいる。現代の狩猟採集社会や伝統的農耕社会においても労働と遊びの連続性が観察できる。例えば，狩り，魚釣り，キノコや山菜の採取などは，楽しみの要素が強い活動といえる。農耕開始以前の狩猟採集生活や初期の農耕生活においては，労働と遊びの境界線は曖昧であっただろう。

　本章では，人類の生業活動／労働について歴史的な流れを踏まえて概説する。一見常識に反するが，自然の動植物のみを食料資源とした**狩猟採集**（**hunt-**

ing and gathering）から，自然に手を加えて食料が安定供給できるようになった農耕へと移行したにも関わらず，狩猟採集社会に比べて農耕社会に暮らす人々の栄養状態が悪くなっていたことが明らかになっている。遊動生活から集住することで人口密度（population density）が高まり，感染症も蔓延するようになった。生業形態と健康，疾病は密接に関係している。

　狩猟採集社会では，一般的に男性は狩猟，女性は採集活動に従事する。このような性別による**分業**（**division of labor**）は，他の生業形態においても見られるのであろうか。貨幣経済が浸透した現代においては，男性が家の外で賃金労働を行い，女性が家の内で家事を行う生活スタイルが広まったが，長い人類の歴史からみると稀なことなのである。また，近代の学校制度が始まるまでは，子どもは重要な労働の担い手であったが，現在では子どもの労働は禁止，制限されている。

3.5.2　人類の歴史と労働形態の変化

⑴　狩猟・漁労・採集

　初期人類がチンパンジーの祖先と別れたのは750万～500万年前，そして現生人類（ホモ・サピエンス）が誕生するのは20万年ほど前と考えられている。以来，人類は農耕をはじめた約1万年前まで，気の遠くなるほど長い間，狩猟採集を行っていた。はじめはアフリカにおいて，そして13万～8万年前にアフリカを出て居住地を世界に広げていった（出アフリカ）が，やはり狩猟採集生活を営んでいた。

　話は現代に飛んで，第二次世界大戦が終わり1950年代になると，現存する狩猟採集民の調査研究が盛んに行われた。現代の狩猟採集民（hunter-gatherers）は，地域別にみて，アフリカ（サン，グイ，ムブティ，バカ，ハッザなど），アジア（アンダマン島民，セマン，ネグリトなど），南北アメリカ（アリュート，フェゴ島民，シリオノ，イヌイットなど），オーストラリア（アボリジニ）が知られている。現代の狩猟採集民は，農耕開始以前の狩猟採集民と生活環境もライフスタイルも異なっていることに注意が必要である。実際に多くの集団

は定住化し，生活を大きく変化させている。しかし，定住して現金経済の中で
暮らす現代の狩猟採集民にとっても，狩猟採集活動は自分たちのアイデンティ
ティとなっている。アラスカやカナダの北部に居住するイヌイットは，現在，
他のアメリカ人やカナダ人と変わらない食生活を送っているが，ライフル銃と
スノーモービルで狩猟を続けている。

　狩猟採集を行う集団は一般的に50人ほどからなる血縁集団である。集団に
よって違いがあるが，人口密度は 1 km²当たり 1 人以下と総じて非常に低い。
狩猟採集生活では自然にある利用可能な食物を全て利用するため，さまざまな
栄養素を得ることができる。よって食事の質は高いといえるが，量に関しては
必ずしも十分であったとはいえない。狩猟や漁労には，獲物が獲れる，獲れな
いといった当たり外れがある。しかし，木の実や根茎類の採集は比較的安定し
ている。実際に狩猟採集民の食を支えていたのは，男性の狩猟で得られる獣肉
ではなく，主に女性による採集活動で得られた植物性の食物であった。

　身体活動について考えてみよう。狩猟や漁労活動は肉体労働であり身体負荷
が高い。しかし，費やす時間は短かった。現代の狩猟採集民の調査からも，狩
猟採集活動に費やされる時間は 1 日当たり数時間であることが知られている。
従って，狩猟採集活動に費やす単位時間当たり（例えば 1 分間）の身体負荷は
大きくても，1 日（24時間＝1,440分）のエネルギー消費量（消費カロリー）
（total energy expenditure）はそれほど多くない。1 日の総エネルギー消費量は
体の大きさに依存する。体重や除脂肪体重（筋肉量）と相関する基礎代謝量
（basal metabolic rate：BMR）（生存するのに必要な最小限のエネルギー消費
量）で 1 日の総エネルギー消費量を除して標準化した，身体活動レベル（physi-
cal activity level：PAL）という指標がある。現代の狩猟採集民の PAL は男性
平均1.9，女性平均1.8と推定されている。これは後述する農耕社会の人々の身
体活動レベルよりも小さい。

　狩猟採集社会の特徴として，平等社会であることが挙げられる。集団の中で
序列や階層が見られない。平等性は食物の分配においても見られる。農耕に
よって作物が大量に収穫できるようになると，持つものと持たざるもの，つま

り貧富の差が生じるようになった。また，余剰の食料を保存することが可能となり，食料生産に従事しない人も出てくるようになった。これらの結果として社会の階層化が進んだと考えられる。

(2) 農耕牧畜

　試行的な農耕が23000年前に行われていたという報告があるが，本格的な農耕の開始はおよそ10000年前と考えられている。世界のいくつかの場所で農耕は独立して開始された。「定住が先か，農耕が先か」と議論されてきたが，現在は，遊動的な狩猟採集生活を行っていた集団が定住し，人口（population）を増やすことによって，自然への働きかけが強まり，農耕が始まったという説が有力である。数百万年に及んだ狩猟採集生活から数千年間で農業が広まったのも，全世界的な気候変動と人口増加が要因だったと考えられている。主食となる農作物は地域によって異なっている。揚子江，黄河の流域のコメ，中南米のカボチャ・トウモロコシ，アンデスのジャガイモ，アフリカの雑穀，ニューギニア高地のヤムイモ・タロイモが知られている。

　野生植物を栽培化して農耕がはじまるとともに，野生動物の家畜化もはじまった。牧畜の対象としてきた主な動物は，草食性で群れを作って生活する有蹄類であり，ウシ科（ウシ，ヤク，ヒツジ，ヤギ），ラクダ科（ヒトコブラクダ，フタコブラクダ，リャマ，アルパカ），シカ科（トナカイ），ウマ科（ウマ，ロバ）の動物である。

　牧畜は農耕に不向きな自然環境の厳しい地域で行われてきた。つまり，牧畜によって人類は植物がほとんど生育しない乾燥地帯への進出が可能となったといえる。地理的に以下の7つに分けられる。ユーラシア大陸北端（トナカイ），中央アジアのステップ地帯（ウマ，ヒツジ），ヨーロッパの山岳地帯（ヒツジ），中近東から北アフリカのサバンナ（ウシ，ヤギ，ヒツジ），チベットの山岳地帯（ヤク，ヒツジ），南米の山岳地帯（リャマ，アルパカ）である。

　家畜は，乳やチーズ，ヨーグルトなどの乳製品を利用する以外に，物の運搬や犂（すき）の牽引などの動力源としても有用であった。またウマに騎乗する

ことで素早い移動，長距離の移動が可能となった。牧畜民の労働内容は多岐に渡っている。例えば，家畜を放牧して牧草を食べさせる，水を与える，家畜の病気や怪我を治療する，家畜の繁殖の世話をする，乳を搾る，屠殺・解体する，皮の加工をするなどが挙げられる。

　食生活についてみてみると，狩猟採集民が集団の成員を養うのにギリギリの食料しか得られないのに対して，農業は主食である作物を大量に生産することができる。収穫後も長期間保存でき，カロリーを多く得られるため人口を増やすことができた。しかし，主食をはじめとしてわずかな種類の作物に依存しているため，農耕民の食事は単調であった。多様な食物を食べる狩猟採集民と比べて，農耕民の食事は栄養の質は低い。摂取できる栄養素も偏りがある。特にビタミンとミネラルが欠乏する。食生活の変化が身体へ与えた影響については後述する。

　自然の中で動植物を得る狩猟採集に比べて，自然を改変して植物を栽培する農業は，やらなければならない仕事が多い。農地を開拓し，土を耕し，肥料をやり，種をまき，雑草を除き，動物から守る。さらに，作物が実れば，収穫し，脱穀，乾燥，種子の貯蔵，というように農業には終わりのない肉体労働が必要である。日の出から日の入りまで休みなく働くことも多い。

　身体活動レベル（PAL）をみると，現代の自給自足的農耕民は男性平均2.1，女性平均1.8である。先述したように現代の狩猟採集民のPALは男性平均1.9，女性平均1.8であり，農耕民の身体活動レベルは狩猟採集民をわずかに上回っているのみである。ここで忘れてはならないのは，子どもの労働である。狩猟採集社会では子どもの労働力はほとんど期待されていないが，農耕社会においては，子どもは農作業，家事，子守りと欠かせない労働力であった。

⑶　産業革命と情報革命

　ホモ・サピエンスとして20万年の間に人類の労働には多くの変化があったが，それとは比較にならないほど急激な変化が現在までの250年間で生じた。1760年代にイギリスで起こった産業革命（industrial revolution）である。産業

革命はイギリスからヨーロッパ，そして世界に広がった。日本ではイギリスから100年ほど遅れた明治時代の1886年に始まり1900年頃に完了した。農業をはじめとして第一次産業の労働者の数が減り，鉱工業や商業に従事する者が増えた。都市に多くの労働者が集住するようになり都市化が進んだ。

　農業革命を第一の革命，産業革命を第二の革命とすると，第三の革命といえる**情報革命**（**information [technology] revolution**）（情報通信革命，IT 革命，ICT 革命などともいわれる）が現在進行中である。情報化社会の現代，インターネットの力で人々の働き方は変化しつつある。仕事の内容によるが，会社に行かずに在宅で仕事ができるようになった。電源とインターネット環境があればどこでも仕事ができるようになり，テレワークやノマドワークという働き方も増えている。現在も情報革命は先進国から新興国，発展途上国へのグローバル化の途上である。また先進国においても人工知能（artificial intelligence：AI）や IoT（internet of things）（モノのインターネット）など新しい技術革新が起こっている。

3.5.3　生業形態と健康，疾病

⑴　狩猟採集社会

　狩猟採集社会は集団サイズが小さく，人々は移動生活を行っていたので，感染症は少なかったと考えられている。狩猟，採集，漁労活動や遊動に伴う怪我，そして寄生虫や蟯虫（ぎょうちゅう）や哺乳類との接触から得たウイルスや細菌感染などが主な疾病であった。

　現代の狩猟採集民においては，多くの人々の死亡原因は，胃腸や呼吸器への感染症，マラリアや結核などの病気，暴力や事故である。現代社会の健康問題である 2 型糖尿病，心疾患，高血圧，がんなどの非感染症の病気はほとんど見られない。痛風，近視，虫歯，扁平足といった現代人を悩ませる慢性的な不調もほとんどない。

　進化を考えると，人類の歴史の99％以上を占めている狩猟採集時代の生活環境やライフスタイルに現代の私たちもなお適応しているといえるだろう。つま

り人類は，糖やでんぷん，脂肪を好むが，口にする機会は限られており，その代わりに食物繊維の豊富な果実や野菜，木の実，種子，塊茎，脂肪分の少ない肉など雑多な食物を食べるように適応している。また，1日に何kmも歩いたり，走ったり，地面を掘ったり，木に登ったり，重い物を持ち運んだりする持久力の高い身体に進化しているといえる。

(2) 農耕牧畜社会

狩猟採集を生業として遊動的な生活を送っていた時代には感染症のリスクは小さかったが，定住化して集住するに伴い人口が増加し，感染症のリスクが増大した。また，家畜飼育によって動物の糞便に接触する機会が増えたことによっても感染症のリスクは増大した。

前述したように，農耕民の食は主食の作物に強く依存している。主食の作物の栽培に注力するため収穫物は大量に得られるが，栄養の多様性と質が損なわれる。ビタミンCの不足による壊血病，ビタミンB1の不足による脚気，ヨウ素の不足による甲状腺腫，鉄分の不足による貧血というような病気のリスクが高かった。主食の作物に含まれるでんぷんの摂取過剰による虫歯，血糖値の急激な上昇による糖尿病なども見られるようになった。また，数種類の作物に強く依存しているため，季節の変化や気候変動による干ばつや洪水，植物の病気，疫病や戦争などによって，周期的な食料不足や場合によっては飢饉に苦しめられた。

狩猟採集から農耕への移行は身体にも影響をもたらした。考古学研究から，農耕が開始されてからしばらくの間は体格の向上がみられたが，長期的にみると反転して，数千年間で数cmから10cm程度身長が低下した。また時代が進むにつれて，歯や骨に刻まれる感染症や飢餓の痕跡が増えてきた。

(3) 工業社会

産業革命による工業化の進行とともに，劣悪な労働環境が増えた。また，人口が集中した都市の生活環境も悪かった。し尿が処理されず放置され，汚染さ

れた飲み水や食べ物によってコレラが蔓延した。コレラはインドからヨーロッ
パに伝わり，アメリカにも伝搬し，世界的な大流行を引き起こした。19世紀後
半に下水道が施設され，1883年にドイツの細菌学者コッホがコレラ菌を発見し
てコレラの蔓延は終息したが，21世紀の現在も，インドやサハラ以南アフリカ
の国々では雨季になるとコレラの流行が起こっている。

　産業革命は負の側面ばかりではなく，近代医学と公衆衛生の進歩をもたら
し，人々の健康を改善した。具体的には，栄養状態が向上し，乳幼児死亡率が
低下して寿命も延びた。つまり，人類の健康状態の向上は，ここ数百年間の新
しい出来事といえる。皮肉なことに，現在の先進国においては，人類史上初め
て多くの人々が食料の過剰に直面し，成人の多くが肥満で，子どもも過体重や
肥満傾向にある。さらに，睡眠不足，ストレスや不安やうつ，近視に悩まされ
ている。

3.5.4　男女の役割，子どもの労働

(1)　男女の役割

　現代の狩猟採集社会の研究では，女性は狩猟が禁じられ，弓矢などに触るこ
ともタブーとなっているケースや，女性の狩猟活動が厳しく制限されていない
場合についても報告されているが，基本的には狩猟採集社会において男性が狩
猟，女性は採集という分業（division of labor）が見られる。男性の採集活動
は多くの社会で見られる。漁労に関しては，男女の差はない社会もあれば，竿
と糸と針を用いた釣りは男性の仕事で，女性の漁労は小川をせき止めて水を掻
き出して魚を獲るというように漁法に性差が見られる場合もある。

　一方，農耕社会は性別による分業は多様である。極端な例として，ニューギ
ニア高地社会では，主食であるサツマイモの栽培は女性の仕事とされている。
男性は農作業を行わないが，フェンスを作ったり，畑を焼いたりなど，力仕事
を行う。一般的に身体負荷が高い活動は主として男性の仕事ということが多
い。牧畜社会においても，搾乳や小動物の世話は男性も女性も行うが，大型動
物の世話は男性が行う場合が多い。

　狩猟採集社会や農耕牧畜社会は人力と畜力のみに依存して自然と対峙している。このような社会では，主に男性がやる仕事，女性がやる仕事という性別分業が見られる場合が多いが，男女それぞれの役割に相互に依存しつつ協働して日々の暮らしを営んでいたといえる。

　ところが，産業革命以降，労働で得た賃金で生活することになり，性別による分業は変化した。男性が家の外で労働をして賃金を稼ぎ，女性が家で家事を行う主婦という形が一般的なモデルとして広まった。

　戦後，日本においては，家庭用電気機器の普及や家事の外部委託によって家事労働は軽減した。また1972年に「勤労婦人福祉法」が施行され，1986年に「男女雇用機会均等法」が施行された（2007年に改正法施行）。1999年に「男女共同参画基本法」が施行され，女性の社会進出が進んでいるが，先進国の中では立ち遅れている。

⑵　子どもの労働

　狩猟採集社会では，子どもは遊びとして，（特に同性の）親や兄弟と一緒に狩猟採集活動を行う。遊びを通して狩猟や漁労や採集の技術と動植物や自然の知識を学んでいる。現代の狩猟採集社会は定住化が進んでおり，子どもへの学校教育（初等教育）も行われている。しかし，就学しなかったり，途中で行くのを止めてしまったり，森のキャンプに行っている期間は欠席したりと学校教育の浸透は緩やかである。

　食料獲得という点で，子どもの貢献はほとんど期待されていない。現代の狩猟採集民の研究から，生まれてから15歳までに生涯に費やすエネルギーの25％を消費するものの，獲得するエネルギーはわずか5％ほどと推定されている。思春期を迎えて体が成長した15歳頃からようやく家族や所属集団の食物獲得に貢献できるようになる。

　農耕牧畜社会においても，近代の学校教育が普及する以前は，狩猟採集社会と同様，子どもは大人たちと一緒に労働を行っていた。作物の世話，家畜の番，兄弟姉妹の子守り，食物の加工など仕事の種類は多岐に渡っている。子ど

もの労働力への期待は狩猟採集社会よりも高い。

　一方，現代では国際条約および多くの国で子どもの労働を禁じている。国際労働機関（ILO）は1973年に「最低年齢条約」により，義務教育期間の子どもの労働を禁じた。また，国連の「子どもの権利条約（1989年）」においては，18歳未満が子どもであり，子どもは教育を受ける権利があること，あらゆる搾取や暴力・虐待から保護される権利があることなど，子どもの基本的人権が明記されている。日本を含めて多くの国がこれらの国際条約を批准している。

　児童労働（child labor）とは15歳未満，つまり義務教育を受ける年齢の子どもが大人と同じように働くこと，また18歳未満の危険で有害な労働と定義されている。15歳未満で学校に通いながら放課後や休日に家業を手伝う「お手伝い」や15歳以上で学校に通いながらアルバイトをすることは児童労働には当たらない。

　ILO による推計では，世界では現在（2017年），1億5,200万人が児童労働を行っている。2億4,550万人と推計された2000年以降，児童労働は減少傾向にあるものの，現在世界の子どもの10人に1人が児童労働をしていることになる。児童労働は低所得の国に多く見られ，地域でみると47%がサハラ以南アフリカで，41%がアジア・太平洋地域である。国連の持続可能な開発目標（SDGs）においては，2025年までに全ての形態の児童労働を撤廃すると謳っている（目標8.7）。

3.5.5　未来の労働　AI の出現と労働の終焉？

　これまで見てきたように，人類の労働の歴史は，狩猟採集から農耕牧畜という生業形態の変化「**（農耕革命）（agricultural revolution）**」，そして産業革命，情報革命という3つの社会変革によって変わってきた。生業が変化することには，必ずしも健康にとって良いことばかりではなかった。農耕によって，栄養不足となり体格は小さくなった。集住することにより衛生環境が悪くなり，感染症が蔓延した。産業革命によって工業化が進み，劣悪な労働環境で長時間労働が行われた。現代は，医学と公衆衛生の進歩によって，感染症の予防や治療

ができるようになり，乳幼児死亡率が低下し，寿命の延伸を享受しているが，人類史の99％以上の時間において狩猟採集生活を営んできた人類は，現代社会の生活環境やライフスタイルとの齟齬により生活習慣病や虫歯，偏頭痛，アレルギーなどの「現代病」に悩まされている。

　最後に，未来の労働について考えてみたい。労働時間の短縮や柔軟な働き方が実現し，さらに労働をする必要がなくなった未来において，労働は無くなるのだろうか。2020年現在，AI や IoT，ロボティクスなど新しいテクノロジーに大きな関心と期待が寄せられている。人口減少社会に突入した日本では，特に15歳から65歳までの生産年齢人口の減少が問題となり，それを埋め合わせるために生産性の向上が求められている。2019年 4 月 1 日より「働き方改革関連法」が順次施行され，労働スタイルを大きく見直さなければならないことは広く世間にも認知されつつある。

　本章の冒頭で，近代的な意味での人類の労働の始まりは産業革命以降だと述べた。産業革命以前の生業であった農耕や狩猟採集活動を振り返ってみよう。人類の最初の生業である狩猟採集，そして 1 万年前から始まった農耕は食物獲得活動であり，生きるための活動であった。食料に不自由のない未来社会を想定すると，労働は，体（生存）のためではなく，頭（知的好奇心や創造性の充足）のための活動になるだろうか。未来の「労働」は，AI を駆使して芸術，音楽，科学などを創造して知的好奇心を満たす能動的な活動かもしれない。あるいは，AI が生産する芸術，音楽，科学を専ら受動的に消費するのだろうか。

　未来社会において労働が存在するのか，どのようなものであるかは空想の域を出ないが，テクノロジーが進化しても，ホモ・サピエンス（賢いヒト）である人類の知的好奇心や創造性の渇望は止まないだろう。

引用・参考文献

1 ）大塚柳太郎：ヒトはこうして増えてきた，新潮選書，2015.
2 ）ダニエル・E・リーバーマン：人体100万年史［上］［下］，早川書房，2015.
3 ）井村裕夫：進化医学，羊土社，2015.

3.6 運動

┌─□キーワード ─────────────────────────

歩行，画面視聴時間（スクリーンタイム），健康づくりのための身体活動基準2013，都市規模間格差，子どもの身体活動

3.6.1 現代における身体活動量の低下と健康問題

現生人類は約20万年に渡る狩猟採集生活を行う中で，高い身体活動量に対して生物学的に適応していたと考えられる。現代の狩猟採集民や農耕牧畜による自給自足生活を行う集団の身体活動レベルを，基礎代謝に対する1日の総エネルギー消費量の比（physical activity level : PAL）により評価した研究によると，自給自足集団の平均的な PAL は男性1.98，女性1.82であるのに対し，工業化の進んだ集団における平均的な PAL は男性1.73，女性1.72と低値を示している[1]。近代において，18世紀の産業革命や19世紀以降の電力の普及は，科学技術の発展を加速させ，交通機関の利便化や日常生活の機械化，自動化を進め，また，産業構造の変化により座業者を増加させた。特に過去半世紀には，職場でのパソコンを使用した座業時間の延長のみならず，家庭内におけるテレビ視聴，パソコン，携帯型情報通信端末の使用などの**画面視聴時間（スクリーンタイム）**（screen time）を延長させ，座位行動（sedentary behavior）の増加に拍車がかかっている。さらに，近年のインターネットの普及および多様な情報通信端末（スマートフォン，タブレット，ウェブカメラなど）の利用によって，職場への出勤さえも必要としない勤務形態（テレワーク，在宅勤務，ウェブ会議など）が採用されつつあり，生活面においてもネット通販などの普及が外出行動を減少させている。このような現代におけるライフスタイルの変容は，座位行動の増加と身体活動量の大幅な減少に繋がり，食生活などと相まって生物学的不適応を生じさせ，生活習慣病などの健康問題が引き起こされている。

　現代における代表的な健康問題として，脳血管疾患や心筋梗塞の要因となる動脈硬化性疾患を引き起こしやすい状態を示すメタボリックシンドローム（metabolic syndrome）がしばしば取り上げられる[2,3]。日本人を対象としたメタボリックシンドロームの診断基準が示され，内臓脂肪の蓄積に加えて，脂質代謝異常，血圧高値，糖代謝異常のうち 2 つ以上を有するものと定義されている[4]。厚生労働省の2016年国民生活基礎調査によると，要支援・要介護になった主な原因とその割合は，認知症18.0％，脳血管疾患16.6％，高齢による衰弱13.3％，骨折・転倒12.1％，関節疾患10.2％である[5]。ここで，骨折・転倒と関節疾患を合わせると22.3％と高い比率を占めており，運動器の機能低下が要支援・要介護の大きな原因となっていることが分かる。このような運動器の障害による移動機能の低下した状態をロコモティブシンドローム（locomotive syndrome）という[6]。運動器とは，骨，関節，軟骨，筋肉などを指し，加齢に伴う筋肉量の低下（サルコペニア）や骨粗しょう症などが原因となり，筋力低下，バランス能力低下，関節可動域の制限，疼痛などを引き起こし，移動機能の低下に繋がる。

　これらのメタボリックシンドロームやロコモティブシンドロームと身体活動の因果関係が数多く報告され，日常の身体活動量を増やすことによって発症リスクを低下させることが明らかにされている[2]。

3.6.2　身体活動・運動の目標値と現状

　2012年の厚生労働省の告示において，「二十一世紀における第二次国民健康づくり運動（健康日本21（第二次））」の推進に関する基本方針が示され，ライフステージに応じた健康増進の総合的な推進を行うこととしている[7]。この中で，①健康寿命の延伸と健康格差の縮小，②生活習慣病の発症と重篤化の予防，③社会生活に必要な機能の維持・向上，④健康を支える社会環境の整備，⑤栄養・食生活，身体活動・運動，休養，飲酒，喫煙，口腔の健康に関する生活習慣および社会環境の整備について，おおむね2022年を目途とした目標値が設定されている。身体活動・運動に関連する項目を抜粋すると，日常生活にお

ける歩数の増加，運動習慣者の割合増加，住民が運動しやすいまちづくり・環
境整備に取り組む自治体数の増加が挙げられている（**表3.2**）。また，高齢者の
健康に関して，ロコモティブシンドロームを認知している国民の割合の増加
（2022年に80％を目標）が身体活動に関連する。子どもに関しては，運動やス
ポーツを習慣的にしている子どもの割合の増加が項目に含まれるが，「増加傾
向へ」という目標の記載からも分かるように，目標値を設定するための十分な
エビデンスが得られていない。なお，健康寿命のとらえ方や，運動による延伸
効果については，日本生理人類学会誌の総説を参照されたい[3,8]。

　上記の目標値に対して，身体活動・運動の現状を見てみると，2017年国民健
康・栄養調査では，1日の歩数は20〜64歳の男性7,636歩，女性6,657歩，65歳
以上では男性5,597歩，女性4,726歩であった[9]。また，運動習慣者（1回30
分以上の運動を週2回以上実施し，1年以上継続している者）の割合は，20〜
64歳の男性26.3％，女性20.0％，65歳以上では男性46.2％，女性39.0％と報告
されている[9]。このように，歩数および運動習慣割合の現状は健康日本21（第
二次）の目標値に対して大きく不足している。

　上述の健康日本21（第二次）を推進するため，運動基準・運動指針の改定に
関する検討会により「**健康づくりのための身体活動基準2013**」が提示され
た[2]。ここでは，体力の維持・向上を目的として計画的・継続的に実施される
運動のみならず，日常生活における労働，家事，通勤・通学などの生活活動を

表3.2　健康日本21（第二次）における身体活動・運動の2022年度目標値[7]

項　　目	20〜64歳		65歳以上	
	男性	女性	男性	女性
日常生活における歩数の増加	9,000歩	8,500歩	7,000歩	6,000歩
運動習慣者※の割合の増加	36%	33%	58%	48%
住民が運動しやすいまちづくり・環境整備に取り組む自治体数の増加	47都道府県			

※運動習慣者とは，1回30分以上の運動を週2回以上実施し，1年以上継続している者。

合わせて身体活動とし，身体活動全体に着目することが重要視されている[2]。身体活動量の単位には活動強度（メッツ（metabolic equivalents），座位安静時の代謝に対する活動時代謝の比）に活動時間を掛け合わせたメッツ・時が用いられ，１週間当たりの身体活動量（メッツ・時／週）の基準が設定されている（**表3.3**）。

　身体活動量の基準は，18～64歳では３メッツ以上の強度の身体活動（生活活動・運動）を23メッツ・時／週とし，**歩行**またはそれと同等以上の強度であれば，毎日60分に相当する。65歳以上では強度を問わず10メッツ・時／週とし，臥位や座位以外の身体活動であれば，毎日40分に相当する。運動量（スポーツや体力づくり運動）の基準は，18～64歳では３メッツ以上の強度で４メッツ・時／週であり，息が弾み汗をかく程度の運動であれば毎週60分に相当する。65歳以上の運動量については基準値を示していないが，年齢層共通の方向性として，１回30分以上，週２日以上の運動習慣を持つことが推奨されている。ここでも，**子どもの身体活動**および運動については，将来の健康問題との関係性のエビデンスが十分でないため，基準値が示されていない。今後の研究の進展が必要とされる領域であり，本稿においても子どもの身体活動に関する知見を後述する。

表3.3　**１週間に必要とされる身体活動と運動の基準**[2]

	身体活動 （生活活動・運動）		運動	
65歳 以上	強度を問わず，身体活動を毎日40分 （＝10メッツ・時／週）	今より少しでも増やす	―	運動習慣を持つようにする
18～ 64歳	３メッツ以上の強度の身体活動を毎日60分 （＝23メッツ・時／週）		３メッツ以上の強度の運動を毎週60分 （＝４メッツ・時／週）	
18歳 未満	―		―	

3.6.3　都市環境と身体活動

　上述のように現代のライフスタイルの変容に伴い，身体活動量の低下が生じ，生活習慣病などの健康問題が引き起こされている。自動車の普及や交通機関の発達による徒歩移動の減少はその一因と考えることができる。都市化に伴うさまざまな健康問題が指摘される中で，興味深いことに，現代人に着目すると都市部の方がむしろ歩数が多い[10]。一見すると逆説的な様相が示されているが，以下に歩数に見られる**都市規模間格差**の現状とその要因を解説する。

　2017年に国土交通省都市局が，国民健康・栄養調査（2008〜13年，2012年を除く）に基づき，都市の規模（人口など）に応じた歩数のデータを示している[10]。このうち大都市＋23特別区と人口5万人未満の市を抜粋して，各年代における歩数の男女別中央値を**図3.13**に示した。各年代を合わせた全体の中央値では，1日当たりの歩数が大都市で男性7,000歩，女性6,385歩，人口5万人未満の都市で男性5,929歩，女性5,249歩であり，大都市において1,000歩以上高い歩数を示している。井原ら（2016）は，小規模都市における高齢化の影響を取り除くため，国民健康・栄養調査（2006〜2010年）の元データに基づき，年齢調整を行った共分散分析により都市規模に応じた歩数を比較している[11]。その結果，年齢調整後の歩数においても都市規模が小さいほど少ないことが明らかになり，小規模都市の居住者ほど歩数の目標値達成に向けたより多くの取り組みが必要と指摘されている[11]。

　このような歩数に見られる都市規模間格差の要因のひとつとして，地方にお

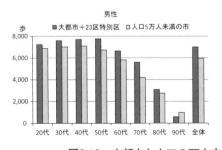
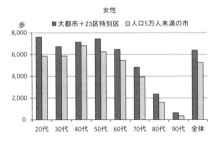

図3.13　大都市と人口5万人未満の市における歩数の中央値[10]

ける高い自動車利用率が考えられる。**図3.14**は国土交通省都市局が2012年に報告した調査結果で，三大都市圏と地方都市圏における平日の代表交通手段（1回の移動行動に用いた主な交通手段）の割合の年次推移を示している[12]。地方都市圏では，自動車を代表交通手段とする割合が，1987年の40.4%から徐々に上昇し，2010年には58.2%にまで達している。一方で，三大都市圏では1987年の26.4%からやや上昇したものの，1999年から2010年にかけて33%程度に収束しており，地方都市に比べて代表交通手段に占める自動車の割合が低い。これは，三大都市圏における鉄道網の整備と利用率の高さを反映していると考えられる。自動車利用に比べて公共交通機関の利用は，自宅から駅まで，駅から目

三大都市圏

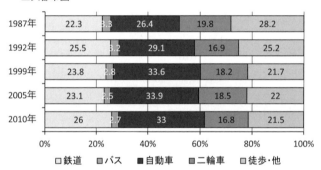

地方都市圏

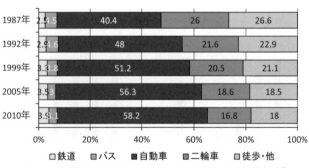

図3.14　都市圏と地方における代表交通手段の割合[12]

的地まで，乗り換えなどの際の歩行機会が多く，大都市居住者の歩数増加に寄与していると考えられる。

　歩数の都市規模間格差のもうひとつの要因として，都市環境構造の違いによる外出行動や徒歩移動への影響が考えられる。近年，都市環境構造（built environment）と歩行の関係が研究されており，歩行行動を促進する都市構造についてガイドラインが示されている[13]。歩行のうち「移動手段としての歩行」は，商業地や公共交通機関への近接性，土地利用の混在性（住宅地，商業地，職場などの混在），道路の接続性，人口密度などの影響を受け，「余暇活動としての歩行」は，レクリエーション施設や公園などへのアクセス，歩行者専用道路の整備，景観などの影響を受けるといわれている[13]。子どもの歩行については，公園との近接性や，歩行者専用道路の整備の他，安全性（交通および治安）が重要な因子となっている[13]。このような歩行に適した（walkable）環境は，人口密度の高い地域で形成されやすく，間接的に大規模都市における歩数の増加に繋がっていると考えられる。健康日本21（第二次）において，「住民が運動しやすいまちづくり・環境整備に取り組む自治体数の増加」が目標のひとつに挙げられており[7]，地域住民の歩行促進を意図した都市環境計画が求められる。

3.6.4　子どもの運動習慣と体力

　成人期や高齢期の運動習慣および身体活動量については，死亡率や生活習慣病罹患率との関係性に基づき目標値が設定されている[2,7]。一方で，子どもの身体活動量と成人期の健康問題との関係性については十分なエビデンスが得られておらず，目標値を示すに至っていない。現代のライフスタイルの変容は子どもの運動習慣の減少と座位行動（テレビなどの視聴，ゲーム，情報通信端末使用など）の増加を引き起こしており，子どもの身体活動や座位行動の目標値の決定や調査法確立の必要性が指摘されている[14]。現時点では世界保健機関の示す国際的ガイドラインに沿って[15]，2012年に文部科学省の「幼児期運動指針」[16]が示されており，毎日60分以上の身体活動が推奨されている。**図3.15**は

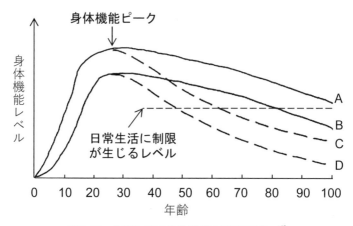

図3.15　生涯に渡る身体機能の推移モデル[17]

A：通常の発達と老化，B：身体機能ピークの低い発達と通常の老化，C：通常の発達と促進
された老化，D：低い発達と促進された老化。

生涯に渡る身体機能の推移について，幼少期から青年期までのライフスタイル
によって獲得される身体機能のピーク（予備力）と成人期から高齢期のライフ
スタイルに応じた老化の進行の観点から分類した概念図である[17]。この図か
ら，身体機能が日常生活に制限が生じるレベルに達するには，成人期の身体活
動による身体機能の維持に加えて，幼少期から青年期までの身体活動により身
体機能のピークを高めることも重要であることが分かる。

　ここで，現代の子どもの身体活動や体力の現状について，日本における過去
50年間の体力の推移を通して示す。6歳以上を対象とした文部科学省体力・運
動能力調査の体力テスト成績の1964年から2015年の変遷に基づき，山内
（2017）は，子どもの体力の時代変化を，向上期（1964～1985年），低下期
（1985～2005年），安定期（2005～2015年）に分類している[18]。子どもの体力水
準がピークを示した年代（1985年頃）と現在の体力テスト成績の一例として，
1984年および2014年における11歳男女の身長，体重，握力，50 m走，ソフト
ボール投げの記録を**表3.4**に示す。

　1984年に比べて2014年に体格が向上しているにも関わらず，体力項目はいず

表3.4 1984年と2014年における体力テスト成績[18]

| | 11歳男子 | | 11歳女子 | |
	1984年	2014年	1984年	2014年
身長 （cm）	143.2	145.1	145.4	148.8
体重 （kg）	36.4	38.4	37.7	39.0
握力 （kg）	21.40	19.80	20.26	19.42
50 m 走 （秒）	8.80	8.85	9.03	9.16
ソフトボール投げ （m）	34.40	27.89	20.29	16.38

れも低下傾向にあることが分かる。向上期は戦後の高度経済成長（1954〜1973年頃）を背景とした栄養状態の改善により，身長や体重などの体格が向上したことが要因と考えられる。身長の伸びは1990年代に定常水準に達しており，一方で，子どもの肥満の割合が増加し，2005〜2006年頃にピークを示している[18]。1980年代からコンピュータゲームが普及し，子どもの座位行動が増加した（外遊びが減少した）ことも，肥満割合上昇の要因のひとつと考えられる。座位行動の増加に伴う身体活動量の低下や肥満の増加が低下期の体力低下に繋がった可能性がある。その後の安定期においては，体力が低水準のまま推移しているが，この時期には肥満割合は減少傾向にある一方で，スマートフォン，タブレットなどの携帯型情報通信端末の普及・多様化やインターネット，ソーシャルネットワークの利用などが増加しており，さらに身体活動量が減少した可能性がある。このようなテレビ，ビデオ，情報通信端末の使用による画面視聴時間（スクリーンタイム）と小学校児童の総運動時間および体力との関係についてスポーツ庁が2018年に調査報告している[19]。スクリーンタイムが1時間未満の小学校児童では，男子で58.7％，女子で32.0％が1週間に420分以上（1日60分以上に相当）の総運動時間を示すのに対し，スクリーンタイム5時間以上では，男子で46.5％，女子で28.4％に過ぎない（図3.16[19]）。また，スクリーンタイムの長い児童ほど体力テストの合計点が低い[19]。スクリーンタイムおよび座位行動の増加に伴う子どもの身体活動量および体力の低下は，まさに技術発展が引き起こした身体機能の減弱といえ，生理人類学の分野において

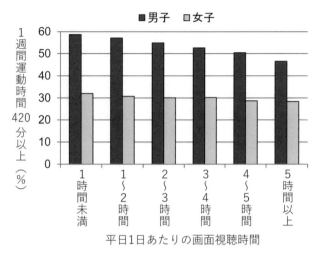

図3.16　平日 1 日当たりの画面視聴時間と 1 週間の総運動時間が420分以上の小学校
　　　　児童の割合[19]

取り組むべき課題である。

　高齢期の身体機能を高く保ち健康寿命を延伸するためには，幼児期から青年期にかけて身体機能予備力を高める必要がある（**図3.15**[17]）。そのためには，子ども期における運動習慣の獲得と生涯に渡る習慣化が重要と考えられ，子ども期の身体活動の成人期への持ち越し効果（トラッキング）について多くの知見がまとめられている[20]。身体活動のトラッキングや運動習慣の決定要因について，日本生理人類学会誌の総説にも示されており[21]，思春期以降の運動習慣定着には，幼少期における基礎的運動能力（fundamental motor skill : FMS）の獲得が重要と指摘されている。FMS は多様な身体動作の土台と位置付けられており，主に移動系スキル（走る，跳ぶ，スキップするなど），操作系スキル（投げる，捕る，蹴るなど），姿勢制御系スキル（姿勢の維持など）に分類されている。FMS は幼少期から児童初期にかけて自然発達し，その後，専門的指導により高められた能力は数年間に渡って持続されるといわれている[22]。高いレベルの FMS を幼少期や児童初期に獲得することは，自己肯定感を介し

てスポーツ参加を促し，参加機会の増加が FMS をさらに成熟させるといった繰り返しにより，思春期以降の活動的なライフスタイルや運動習慣の定着に繋がると考えられている[21,23]。

3.6.5　おわりに

　狩猟採集生活に対して生物学的に適応してきた人類にとって，機械化・都市化の進んだ現代における身体活動量は不十分と考えられ，メタボリックシンドロームやロコモティブシンドロームなどのさまざまな健康問題を引き起こしている。本節では，国内における身体活動・運動の基準について，健康日本21（第二次）や身体活動基準2013などを示したが，特に子どもの身体活動については研究途上にある。今後の研究・調査の進展によるエビデンスの集積によって，新たな基準の追加や修正が望まれる。また，近年の情報通信技術の目まぐるしい発展とライフスタイルの変容は現在進行中で生じており，将来の身体活動や健康問題について注視し続ける必要がある。特に，現在において子ども期や成人期に身体活動量が少なく，体力水準の低い世代が，将来高齢期を迎えた際の健康問題が懸念される。今後，人類にとって望ましい技術利用と身体活動について生理人類学的視点がますます重要になると考えられ，スポーツ健康科学や公衆衛生学などの関連分野との連携によって，解決していく必要がある。

引用・参考文献

1 ）Leonard WR. : Lifestyle, diet, and disease: comparative perspectives on the determinants of chronic health risks. In Evolution in Health and Disease, Eds SC Sterns, JC Koella, Oxford University Press, p265-276, 2008.
2 ）運動基準・運動指針の改定に関する検討会：健康づくりのための身体活動基準2013，2013（https://www. mhlw. go. jp/content/000306883. pdf）
3 ）草野洋介：健康寿命のとらえ方，日本生理人類学会誌，22(1)：45-47, 2017.
4 ）メタボリック・シンドローム診断基準検討委員会：メタボリック・シンドロームの定義と診断基準，日本内科学会雑誌，94, 188-203, 2005.
5 ）厚生労働省，平成28年国民生活基礎調査の概況，2016（https://www. mhlw. go. jp/

toukei/saikin/hw/k-tyosa/k-tyosa16/index. html)

6）日本整形外科学会：ロコモパンフレット2015年度版，2015（https：//www. joa. or. jp/public/locomo/locomo_pamphlet_2015. pdf)

7）健康・体力づくり事業団：健康長寿社会を創る　解説健康日本21（第二次），p156-169，2015.

8）岡崎和伸：健康寿命を延伸する運動の効果，日本生理人類学会誌，22(1)：39-44，2017.

9）厚生労働省：平成29年　国民健康・栄養調査結果の概要，2018（https：//www. mhlw. go. jp/content/10904750/000351576. pdf)

10）国土交通省都市局：まちづくりにおける健康増進効果を把握するための歩行量（歩数）調査のガイドライン，2017（https：//www. mlit. go. jp/common/001186372. pdf)

11）井原正裕，高宮朋子，大谷由美子，小田切優子，福島教照，林俊夫，菊池宏幸，佐藤弘樹，下光輝一，井上茂：都市規模による歩数の違い：国民健康・栄養調査2006-2010年のデータを用いた横断研究，日本公衆衛生誌　63(9)：549-559，2016.

12）国土交通省都市局：都市における人の動き—平成22年度全国都市交通特性調査集計結果から—，2012（https：//www. mlit. go. jp/common/001032141. pdf)

13）The Heart Foundation's National Physical Activity Advisory Committee. Position statement. The built environment and walking. 2009（https：//www. heartfoundation. org. au/images/uploads/publications/Built-environment-position-statement. pdf)

14）田中茂穂：日本の子どもにおける身体活動の評価法と実態，体育の科学，67，154-159，2017.

15）World Health Organization：Global recommendations on physical activity for health. 2010（https：//www. who. int/dietphysicalactivity/global-PA-recs-2010. pdf)

16）文部科学省幼児期運動指針策定委員会：幼児期運動指針ガイドブック，2012（http：//www. mext. go. jp/a_menu/sports/undousisin/1319192. htm)

17）Kuh D, Karunananthan S, Bergman H and Cooper R.：A life-course approach to healthy ageing：maintaining physical capability. Proceedings of the Nutrition Society，73，237-248，2014.

18）山内太郎：子どもの身体に異変が起きている—世界の子どもの体格・体力の現状と時代変化—，日本健康学会誌，83(6)：174-183，2017.

19）スポーツ庁：平成30 年度全国体力・運動能力，運動習慣等調査結果，2018（http：//www. mext. go. jp/sports/b_menu/toukei/kodomo/zencyo/1411922. htm)

20）Telama R.：Tracking of physical activity from childhood to adulthood：a review. Obes Facts，3：187-195，2009.

21）引原有輝，青山友子：出生時体重や幼少期の基礎的運動能力はその後の身体能力ならびに身体活動の決定要因となるか—コホート研究が示すエビデンスとは—，日本生理人類学

会誌, 20(3):167-173, 2015.

22) Morgan PJ, Barnett LM, Cliff DP, Okely AD, Scott HA, Cohen KE, Lubans DR.: Fundamental movement skill interventions in youth: a systematic review and meta-analysis, Pediatric s1, 32:e1361-1383, 2013.

23) 引原有輝:健全育成のための活動プログラム(運動遊び), チャイルドヘルス, 22(5):13-15, 2019.

3.7　介護

┌─ □キーワード ─────────────────────

　後生殖期, 廃用症候群, 誤嚥, 交代制勤務, フリーラン周期, 時差ボケ, 乳がん, メラトニン, 腰痛, ノーリフト原則

└──────────────────────────

　我が国では, 職業・資格としての看護と介護は法律に基づき厳密に区別されるが, 実際の仕事内容としては重複する部分も多い。英語では介護施設のことを nursing home というように, nursing という語は看護と介護両方の意味を持つ。このことから本項では狭義の介護だけでなく, 看護的問題も含めて扱う。

　介護問題は, 介護される側の高齢者の問題でもあるが, それと同時に介護する側の問題でもある。現在, 医療福祉関連の就業者数は814万人であり[1], これは我が国の全就業者の約12%に相当し, 今後さらに増え続けることが予想される。看護・介護には業務に伴う特有の身体的・精神的負担があり, これらの看護・介護職者の健康について考えることも重要である。本項では, 介護される側と介護する側の両面の問題を生理人類学的視点から検討する。

3.7.1　健康寿命と平均寿命

⑴　ヒトのライフサイクルの特徴

　ヒトは哺乳類の中では比較的長命な動物であるが, 単に寿命が長いというだけでなく, 特有のライフサイクルを持っている。その特徴のひとつは, 老年期

が極めて長いという点である。我が国では65歳以上を高齢者と定義しているが，生物学的にライフサイクルを考える際には，女性の閉経時期以降を**後生殖期**（**post-reproductive period**）と定義する。

　図3.17はヒトおよびマカク，テナガザル，チンパンジーのライフサイクルを示している[2]。ここではヒトの平均寿命を70年，女性の閉経時期を40歳程度と仮定しており，現代の日本人にはそのまま当てはめることはできないが，ヒトが他の霊長類と比べてはるかに長い後生殖期を持つことが理解できる。霊長類以外でも一般的に哺乳類では後生殖期は全くないか，あったとしてもごく短い場合がほとんどである[3]。このように長い後生殖期はヒトに特有な生物学的特徴のひとつである。多くの動物では寿命の直前までメスは出産可能であり，身体的にも壮健である。これに対し，ヒトはこの後生殖期を通じて生体のさまざ

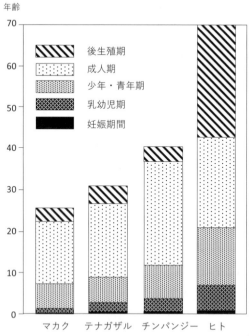

図3.17　ヒトおよび他の霊長類のライフサイクル[2]

まな機能が徐々に低下していき，虚弱な状態で長い高齢期を過ごす。従って，介護問題とはヒトに特有のライフサイクルに起因する問題であるといえる。

(2) 要支援・要介護の現状

かつては日本における平均寿命の延伸自体が高齢者の健康状態向上と捉えられていたが，近年では平均寿命よりも健康寿命の延伸に注目が集まっている。健康寿命とは「健康上の問題で日常生活が制限されることなく生活できる期間」と定義されている。

2016年の日本人男性の平均寿命と健康寿命はそれぞれ80.98歳と72.14歳，女性では87.14歳と74.79歳となっている[4]。この2つの寿命の差，男性で8.84年，女性で12.35年が自立した生活がおくれない要支援・要介護となる期間となる。平均寿命の延長を上回って健康寿命を延長させ，要支援・要介護となる期間をできるだけ短くすることが，現在政府が推進している「健康日本21（第二次）」の最大の目標となっている。

我が国の介護保険制度では要支援・要介護状態は要支援1（最も軽度）から要介護5（最も重度）までの7段階に区別される。要介護と認定された高齢者

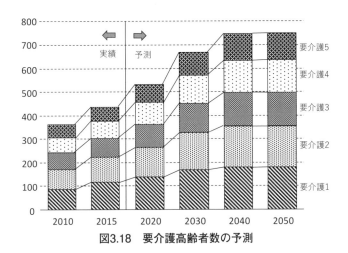

図3.18 要介護高齢者数の予測

は2010年で487万人，2015年で608万人と大幅に増加しているが[5]，今後さらに増加することが予想され，2040～2050年には約750万人となると推測されている[6]（**図3.18**）。

(3) 要介護高齢者の誤嚥

　最重度である要介護5では，いわゆる「寝たきり」状態となり，また認知機能の衰えから意思の疎通が困難である場合が多い。このような場合，移動，食事，排泄，入浴などの日常生活全般において全面的な介助が必要となる。また寝たきりによる褥瘡（じょくそう：床ずれ）や筋や関節の拘縮（こうしゅく）などのさまざまな**廃用症候群（disuse syndrome）**が生じ，これに対するケアが必要となるが，ここでは特に食事介助の問題を取り上げる。

　食事介助の際，嚥下（えんげ）機能に障害がある高齢者では**誤嚥**（ごえん）（**aspiration**）の危険性がある。誤嚥とは食道に送られるべき食物などが気道に入ってしまった状態のことをいう。誤嚥は窒息に至る場合もあるが，それだけでなく誤嚥性肺炎の原因となることから特に注意が必要である。誤嚥性肺炎は食物や唾液・痰などに含まれる細菌が肺に到達することよって生じる[7]。肺炎は，日本人の死因としていわゆる3大疾患（がん，心疾患，脳卒中）に次ぐ4位であったが，2011年からは脳卒中を抜いて3位となっている。また高齢者の肺炎の大部分は誤嚥性肺炎であるため[7,8]，重度の要介護高齢者に対する食事介助は細心の注意を要するケアであるといえる。

　気管の入口にあって気管に食物が入り込まないようにしているのが喉頭（こうとう）である。**図3.19**はチンパンジーとヒトの喉の構造の違いを示している。チンパンジーでは喉頭の位置が高く，鼻腔と口腔を分離する軟口蓋（なんこうがい）の直後に位置しているが，ヒトの喉頭は位置が低く，軟口蓋から遠く離れていることが分かる。このためサルなど他の動物ではこの部分が短いか全く交わらないような構造となっているのに対し，ヒトでは口から摂取した食物と鼻からの空気が一部で同じ経路を通ることになり誤嚥が起こりやすい構造になっている[9]。従って，ヒト以外の動物では誤嚥は原則として生じない[8]。

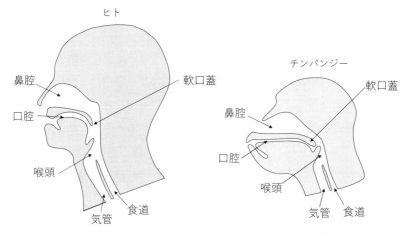

図3.19 ヒトとチンパンジーの口蓋・喉の構造[9)]

喉頭位置が低いヒトの喉の構造は，ヒトが進化の過程で直立姿勢を取るように
なったことの結果であると考えられており，つまり，突き詰めて考えれば誤嚥
の原因は直立二足歩行であるということができる。

　ヒトの喉頭位置は成長発達に伴って変化する。乳幼児はサルと同じように喉
頭位置が高く，このため母乳を飲みながら呼吸を同時に行うことができ，母乳
が気管に入ってしまうこともない[8, 10)]。一方，高齢者では加齢とともに安静時
喉頭位置の下垂が起こるため[11)]，成人期と比べさらに誤嚥のリスクが増大する。

　一方で，喉頭位置が低いという点には，発声の際に多様な音を構成できると
いうメリットがある。サルが人間の言語を話すことができないのは，単に知能
の問題だけでなく，喉の構造による制限から人間と同様の発音ができないから
でもある。このように考えれば，誤嚥とは，人類が言語による高度なコミュニ
ケーション能力を獲得したことの引き換えに持つこととなった負の遺産である
といえる[9)]。

3.7.2　看護・介護職者の夜勤

⑴　三交代制の正循環と逆循環

　看護・介護職者は，夜間であっても，病院または介護施設の患者・入居者に急変などがあった場合は，これに対応しなければならない。このため，これらの職種には夜勤が伴う**交代制勤務（shift work）**[*1)]がとられている場合が多い。

　夜勤の形態としては，大きく分けて二交代制（日勤／夜勤）と三交代制（日勤／準夜勤／夜勤）があり，三交代制はさらに正循環（時計回り）と逆循環（反時計回り）に分けられる。正循環では日勤の後，準夜勤，深夜勤と続くが，逆循環では日勤の後，深夜勤，準夜勤の順となる。ヒトが本来持っているリズムである**フリーラン周期（free-running period）**は24時間よりも若干長いため，一般的に人間は時間を前にずらすよりも後ろにずらす方が得意である。これは海外旅行の際にヨーロッパ方面（時差がプラス）に行くより北米方面（時差がマイナス）に行く方が**時差ボケ（jet lag）**がひどくなる（復路はこの逆）ことと同様である。このため，三交代制の夜勤の場合は正循環の方が負担が少ないといわれている。ところが，実態として我が国の医療機関では正循環よりも逆循環の方が主流である。2014年の日本看護協会による調査結果[12)]で

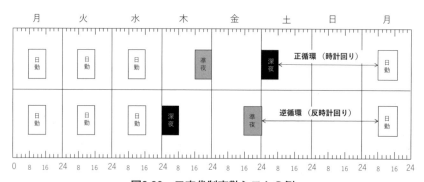

図3.20　三交代制夜勤シフトの例

＊1）交代性勤務は交替制勤務と表記される場合もあるが，本項では日本看護協会の表記に合わせて交代性勤務とした

は，三交代制において正循環を実施している施設は23.3%，現在検討している
が37.2%でしかない。この理由は**図3.20**を見ると理解できる。正循環では深夜
勤が終わってから次の日勤が始まるまでの間隔が47時間30分なのに対し，逆循
環では準夜勤が終わってから次の日勤までの間隔が55時間30分となる。トータ
ルの勤務時間は同じであるが，逆循環の方が休みをまとめて取れるため，看護
職者の間で逆循環の方が好まれる傾向がある。

(2) 二交代制と三交代制

　二交代制の場合は，三交代制における準夜勤と深夜勤を連続して行うような
形となり，16時間以上の連続勤務となる場合もある。夜勤による身体への負担
を減らすという観点からは，連続勤務時間が短く勤務時間帯の変化が緩やかな
三交代制の方が原則としては望ましい。実際，デンマークでの調査結果では三
交代制よりも二交代制の方が疾病リスクが高いことが示されている[13]。ところ
が，実態としては2000年頃から三交代制の医療施設は減少し，近年は二交代制
が増加する傾向が報告されている[14]。2005年頃までは三交代制の病棟が9割以
上を占めていたのに対し，2018年の調査結果では三交代病棟は60.8%，二交代
病棟が39.2%となっている。介護施設においても，9割近い施設で二交代制が
とられている。

　二交代制が増加している背景には看護・介護職者の不足も背景にあると思わ
れるが，それだけでは説明できない面もある。三交代よりも二交代の方が疲労
感が少なく，看護職者自身も二交代制を望んでいるという調査結果が複数報告
されている[15]。その理由としては，三交代よりも二交代の方が夜勤回数が減る
こと，休日が増えること，深夜の出退勤がないこと，夜勤中の職員の数が三交
代よりも多くなるなどが挙げられている。このように看護・介護における夜勤
の問題は，単純にサーカディアンリズムの観点からだけでは捉えられない面も
あると思われる。

⑶　夜勤と乳がん発生リスク

　2011年に発表されたノルウェーの看護師に対する大規模調査研究で，6日以上連続の夜間勤務を長期間続けていた看護師は**乳がん（breast cancer）**発生のリスクが増加することが報告されており[16]，これは睡眠関連ホルモンのひとつである**メラトニン（melatonin）**分泌の乱れが関連していると推測される[17]。このことから世界保健機構（WHO）の下部機関である国際がん研究機関（IARC）において交代勤務は日焼けマシンの使用や美容理容業と同じくグループ2A（ヒトに対する発がん性が恐らくある）に分類されている。

　このように看護・介護職者の夜勤に関する健康問題は深刻であるが，北欧での調査結果[13, 16]が示すように，夜勤シフトの形態によってリスクは変動し，また長期間夜勤を継続しなければ統計的有意なリスク増大は見られていない。適切な管理があれば夜勤は安全に行うことが可能である。また照明器具の改良によっても，夜勤による健康障害を軽減できる可能性がある。看護・介護職者の夜勤に関する問題は，労働負担などの面からだけでなく，メラトニン分泌リズムなどの生理人類学的視点からも検討されるべき問題である。

3.7.3　看護・介護職と腰痛

　腰痛（low back pain）には，急性腰痛症（ぎっくり腰），椎間板が突出する椎間板ヘルニア，腰椎の圧迫骨折などがある。腰痛は全業務上疾病のうち約6割を占めるといわれており，腰痛対策は労働衛生における重要な課題であるといえる。

　看護・介護の現場では，体位変換，車椅子への移乗介助，入浴介助，排泄介助などさまざまな場面で対象者を抱え上げる動作が求められる。2017年度の厚生労働省の調査結果[18]では，休業4日以上となる業務上の腰痛は製造業で760件，運輸交通業で709件，商業・金融・広告業で864件であるのに対し，保健衛生業では1,593件と最も多い。先に述べたように保健衛生業は就労者数自体も大きいので単純に比較できないが，これを考慮しても看護・介護業務を含む保健衛生業では腰痛のリスクが高いといえる。

　アメリカの国立労働安全衛生研究所（National Institute for Occupational Safety and Health : NIOSH）によって重量物の持ち上げに関するガイドラインが提案されている[19]。このガイドラインでは持ち上げる人体と持ち上げられる荷物との位置関係などから計算される推奨荷重限度（recommended weight limit : RWL）が用いられる。例えば，**図3.21**の状態でH : 30 cm，V : 5 cm，D : 50 cmとするとRWLは13.8 Kgであり，H : 30 cm，V : 75 cm，D : 50 cmとするとRWLは17.4 Kgである（作業者は荷物に対して正対し，荷物は比較的持ちやすい形状と仮定する）。荷物の重心から身体の重心線までの水平距離（H）は25 cm，床から荷物の重心までの垂直距離（V）は75 cmが最適とされている。この最適状態でのRWLは23 Kgとなる。

　1998年，オーストラリア看護連盟は，**ノーリフト原則（no lifting policy）**を採択した。ここでは，患者の体重の大部分を持ち上げる際には，人力によって行わないことが定められている[20]。これらの海外の動きを受けて，我が国でも2013年に厚生労働省が「職場における腰痛予防対策指針」を改訂し，原則とし

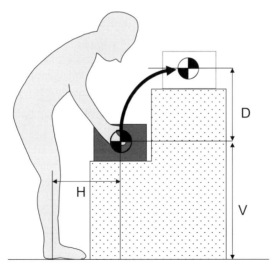

図3.21　推奨荷重限度（RWL）算出における人体と荷物の位置関係

て人力による人の抱え上げは行わない方針を定めた。しかしながら，実態としては，看護・介護現場での人力による人の抱え上げが完全に排除されているわけではないと思われる。移乗介助時に使用される介護機器としては，リフト，スライディングボード，スライディングシート，スタンディングマシーンなどがあるが，現状では多くの介護施設においてこれらの機器が導入されていないか，または導入されていても十分に活用されていない[21, 22]。一方で，これらの介護機器の使用が，本当に介護者の腰痛を予防できるかについては十分に明らかになっていない[23]。我が国の腰痛対策は諸外国と比べて遅れを取っている感があり，大きな改善の余地があると思われる。

3.7.4　看護・介護における生理人類学的視点

増え続ける要介護高齢者にどう対処するかは，現在の我が国が抱える最大の課題であるといえる。終戦直後の1947年における日本人の平均寿命は男性50.06歳，女性53.96歳であった[24]。この時代でも80歳，90歳まで長生きした人は存在したが，あくまでも少数例でしかなかった。これが医療の進歩によって，現在では男女ともに寿命が30年以上延長し，その結果として多数の要介護高齢者を生むことになった。先に述べたようにヒトはもともと長命な動物で，長い高齢期はヒトに特有の生物学的特徴であるが，この特徴の弊害が現代の医療の進歩によって顕在化したと考えることができる。

このように介護問題は究極的にはヒトに特有なライフサイクルに起因するといえるが，誤嚥，腰痛，転倒といった個別の問題も，突き詰めれば直立二足歩行というヒトの生物学的特徴に由来するといえる。介護問題は社会的・政治的問題であり，また介護の原因となる疾患の治療・予防という観点では医学的問題であるが，生理人類学的観点においても検討されるべき問題であるといえる。

引用・参考文献

1 ）総務省統計局：平成29年労働力調査年報，2017.
2 ）Hawkes K, O'Connell JF, Jones NB, Alvarez H, Charnov EL.： Grandmothering,

menopause, and the evolution of human life histories. Proc Nat Acad Sc, 95(3):1336-1339, 1998.

3）Thomas P.： The post-reproductive lifespan： evolutionary perspectives. BioSci Master Rev. 2013.

4）内閣府：平成30年版高齢社会白書（全体版），2018.

5）厚生労働省：介護保険事業状況報告（年報），2019.

6）厚生労働省：社会保障審議会介護保険部会（第55回）資料，2016.

7）熊谷文愛：高齢者と誤嚥性肺炎，CDEJ News Letter，39:10，2013.

8）武田憲昭：アンチエイジングへの挑戦 誤嚥，日本耳鼻咽喉科学会会報，121(2)：89-96，2018.

9）奈良貴史：人類進化の負の遺産，バイオメカニズム，23:1-8，2016.

10）村本和世：小児の摂食・嚥下とその発達・病態，小児保健研究，75(6)：701-705，2016.

11）石橋淳，木村百合香，小林一女：加齢に伴う喉頭の位置変化の検討，日本気管食道科学会会報，70(3)：219-224，2019.

12）日本看護協会：看護職の夜勤・交代制勤務ガイドラインの普及に関する実態調査報告書，2014.

13）Hansen J, Stevens RG.： Case-control study of shift-work and breast cancer risk in Danish nurses： Impact of shift systems, Eur J Cancer, 48(11)：1722-1729, 2012.

14）日本看護協会政策企画部：2005年看護職員実態調査，2006.

15）佐々木ふみ，萱沼さとみ，川口智美，佐藤圭子，小澤三枝子：二交替制勤務看護師の疲労度，満足度に関する文献検討—三交替制勤務との比較，J Nurs Studies NCNJ, 10(1)：49-55，2011.

16）Lie JAS, Kjuus H, Zienolddiny S, Haugen A, Stevens RG, Kjærheim K.： Night work and breast cancer risk among Norwegian nurses： assessment by different exposure metrics. Am J Epidemiol, 173(11)：1272-1279, 2011.

17）Stevens RG.： Light-at-night, circadian disruption and breast cancer： assessment of existing evidence, Int J Epidemiol, 2009, 38(4)：963-970, 2009.

18）厚生労働省：平成29年度業務上疾病発生状況等調査，2018.

19）Waters TR, Putz-Anderson V, Garg A, Fine LJ.： Revised NIOSH equation for the design and evaluation of manual lifting tasks. Ergonomics, 36(7)：749-776, 1993.

20）Engkvist IL.： Evaluation of an intervention comprising a no lifting policy in Australian hospitals. Appl Ergon, 37(2)：141-148, 2006.

21）岩切一幸，高橋正也，外山みどり，平田衛，久永直見：高齢者介護施設における介護機器の使用状況とその問題点，産業衛生学雑誌，49(1)：12-20，2007.

22）岩切一幸：介護者の腰痛予防を目指して —福祉用具の使用状況に関する調査—，安衛

研ニュース，99，2017.

23）高橋郁子，操華子，武田宜子：看護師の移動介助動作時腰痛と移動介助の頻度，移動補助具の適正使用との関係，日本看護科学会誌，36：130-137，2016.

24）厚生労働省：平成29年簡易生命表，参考資料2：主な年齢の平均余命の年次推移，2018.

Chapter 4

人の快適性と課題

4.0　人の快適性と課題

　人はなぜ好きなことをしたくて，嫌いなことをしたくないのか。この根源となる情動と行動の結びつきも，生き残りの手段としての適応のプロセスの中で築かれてきた。快を感じれば接近し，不快を感じれば回避するような情動と行動の関係である。美味しい（快）と思う食べ物に積極的に接近する行動をとれば，必須の栄養素や高い栄養価を効率的に取り込める。天敵や危険と思う（不快）動物が現れれば，逃げるか威嚇する行動で難を逃れる。このような情動と行動の結びつきが，狩猟採集時代の環境では適切に生存に貢献したからこそ選択されてきた。しかし，万年単位で継続してきた狩猟採集の時代を終え，農耕や牧畜が開始されて以降，特に18世紀の産業革命以降は環境側が激変した。近未来はさらにこの変化のありようが飛躍的に変わる。既に現代において，情動と行動の結びつきが，必ずしも適切に生存に貢献するとはいえなくなっている。

　本章では，このような視点から人の快適性とその問題にアプローチしていく。4.1ではまず快や不快そのものを理解するために，人の情動や感情がどのように生じるのか，その起源やメカニズムを中心に解説する。4.2では，不快の要因となるさまざまな生活環境のストレスについて概説し，特に現代社会で注目される精神的ストレスに対する生体の反応や課題について述べる。4.3では，現代の技術文明社会において，暮らしに触れる技術を人の生理，心理に適合させるための方法論を例示する。そして最後の4.4では，技術革新の続く人社会の中で，人と技術（テクノロジー）との双方向の関係をテクノアダプタビリティの観点から俯瞰し，生活環境に必須の技術との向き合い方について概観する。

4.1 人の情動と感情

4.1.1 情動と感情

「感情」は我々が日常的に使っている言葉で，非常になじみの深いものであるが，「情動」という言葉に関しては聞きなれない人も多いかもしれない。しかし，科学的な文脈では客観的に扱いやすい「情動」という言葉が使われることが多い。気分や感情，情動に関連するターム（専門用語）は複数あり，おおよそ，以下のような特徴がある。

Emotion（情動）：恐怖，怒り，喜びなど細かく分類可能であり，強度は強いが持続時間は短く，始まりと終わりがはっきりしている。精神性発汗，血圧の増加，心拍数の増加などの身体反応を伴うことが多い。

Mood（気分）：emotion ほどはっきり明確に区別ができない漠然性を持ち，強度は弱いが長時間続く精神状態をさす。

Affect：（感情）emotion や mood を包含する上位概念であり，emotion のように種類を明確に区別するものではない。一例として Arousal（覚醒度）と Valence（感情価）の2軸で表すモデルがある。意識的な感情体験を含むかどうかは研究者によって立場が異なる。

Feeling（感情）：emotion や affect の認知によって意識上の主観的な体験として感じられるもの。

上記を見てわかるように，情動や感情に関するタームの定義はやや混乱しているところがあり，心理学，精神医学，神経科学などの学問分野や研究者に

よって意味が異なることも多いため注意が必要である。本章では後ほど紹介する Antonio Damasio（1944-）に従い，「情動」を外部から観察可能な生理的・行動的な反応（emotion），「感情」を，情動を自身が認知することによって内面にのみ経験される（外部からは観察できない）主観的な体験（feeling）として使用することとする。つまり，情動反応が生じていても内的に認知されなければ感情とはいえない，という場合が生じることとなる。このことは感情の定義にかかわる問題であり，後ほど感情の生起メカニズムについて紹介する。

4.1.2　情動の起源

次に情動の起源について考えてみよう。進化の歴史上で情動がなぜどのように生まれたか，どのような役割を持っているか，に対する確定的な答えは未だ出ていないが，情動が生存のために重要な役割を果たすシステムであり，自然選択の中で受け継がれてきたことは多くの研究者の共通認識である。一言でいえば情動は生体にとって良いか悪いかを瞬時に判断する，「おおざっぱであるが反応が速くおおむねうまくいく適応システム」ということができ，その機能の多くは「接近」と「回避」（approach and avoidance）で説明できる。例えば，あなたが原始の時代に生きていて，山の中で突然オオカミに遭遇したときのことを想像してほしい。交感神経が活性化し，アドレナリンが分泌される。その結果，鳥肌が立ち，心拍数が急激に上がり，全身の骨格筋は瞬時に逃げる準備を始めるだろう。この一連の反応は「恐怖」という情動反応である。急にオオカミが襲ってきても，この瞬間的な反応によって逃げ延びることができるかもしれない。あるいは，「怒り」をむき出しにして威嚇し，落ちている棒を拾ってオオカミに立ち向かい，撃退することができるかもしれない。このような脅威に曝された際に生じる，戦うか，逃げるかのための生体の反応を闘争逃走反応（fight-or-flight response）と呼ぶ。このように，恐怖や怒りという情動は脅威となるものを退けることによって，生存の可能性を高めたと考えられる。逆にポジティブな情動は生存に重要なものへの接近を促す。栄養満点の果物や，養育してくれる保護者，配偶者となる異性の個体への接近によって，生

存，繁殖の可能性を高めたのであろう。

4.1.3　情動の神経メカニズム

　神経科学分野においては，多くの動物には接近と回避を司る神経システムが存在することが示されており，それぞれ**報酬系**（**reward system**），罰系と呼ばれることがある。これらのシステムは学習とも深く関係している。情動の生起によって脅威となる状況を一度回避できても，再び同じ状況に遭遇してしまっては再び生存の危機に曝されてしまう。生体は情動と外部環境を結びつける，つまり学習することによって，脅威となりうるものを避け，生存に有利なものを再び取得するように促すことで，その環境に行動的に順応する。

　情動に関連する脳領域について，**図4.1**にまとめた。いわゆる罰系の一部を担う**扁桃体**（**amygdala**）は「情動の中枢」とも呼ばれる脳領域で，系統発生的に古いとされる大脳辺縁系の一部である。正常なサルは蛇を見ると恐怖の兆候を示すが，扁桃体が破壊されたサルは示さない[1]。また，扁桃体の中心核を

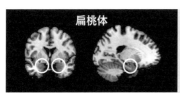

扁桃体

快不快情動に反応
視床下部や青斑核への投射があり、情動
に伴う身体反応のスタート地点
恐怖条件付けと関連
気分障害患者で異常な活動

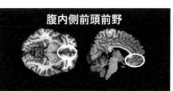

腹内側前頭前野

扁桃体の活動を抑制
恐怖条件付けの消去と関連
損傷患者は衝動を抑えられなくなる
気分障害患者や睡眠不足で
扁桃体との機能的結合に異常

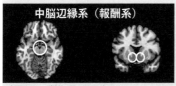

中脳辺縁系（報酬系）

報酬への動機づけに反応
学習の強化に関連
薬物・アルコール等の依存症と関連

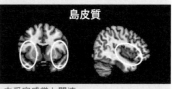

島皮質

内受容感覚と関連
身体反応と感情がリンクする領域？

図4.1　報酬系と罰系に関わる脳領域

電気的に刺激すると恐怖や興奮の行動および生理的兆候を表す[2]。扁桃体の中心核は交感神経系や内分泌系の活性化を引き起こす視床下部や，ノルアドレナリン神経系の起始核である青斑核など，身体反応や覚醒を引き起こすさまざまな脳領域に興奮性の神経投射を送っており，強い情動が生じた際のあらゆる反応のスタート地点となっている[2]。短期的には上述の闘争逃走反応を引き起こすために重要な役割を果たすが，長期的な扁桃体の刺激は胃潰瘍などのストレス誘発性疾患の原因となることが報告されている[3]。また，多くの気分低下を伴う精神疾患において，この領域の異常な活動が見られることが示されている。例えば，うつ病の患者は扁桃体の血流や代謝が50〜75％増加していることが示唆されている[4]。扁桃体に関しては研究のしやすさから主に不快情動に関して研究が進められてきたが，快情動においても扁桃体は強く活動することが分かっている[5]。つまり扁桃体は不快情動だけではなく，何かしらの生物学的意義を有する対象や状況に反応すると考えられる。例えば痛みやその他の不快な結果を警告するような対象や状況，もしくは生存に有利となる対象や状況に対する生理的および行動反応に特別な役割を果たすと考えられ，情動の中枢と呼ばれる所以となっている。

　さらに扁桃体は恐怖条件付けなどの**情動学習**（emotional learning）とも深く関連している。「パブロフの犬」という有名な逸話をご存じだろうか。生理学者の Ivan Pavlov（1849-1936）が唾液分泌の研究のため，犬にメトロノームの音を聞かせた後に餌をあげていると，メトロノームの音を聞いただけでよだれを垂らすようになった，という話である。このような，本来は顕著な意味を持たない中性刺激と自動的な反応を引き起こすような刺激を結び付け，中性刺激のみで同様の反応が生じるようになる学習は古典的条件付けと呼ばれる。古典的条件付けは情動的な要素があると学習が強化されることが知られている。恐怖反応に関する条件付けは特に恐怖条件付け（fear conditioning）と呼ばれる。このような学習メカニズムは動物の生存にとって重要であり，脅威そのものや脅威に遭遇した場所などの危険な状況を回避できる確率を増大させる。古典的条件付けはもともと動物に備わった単純な行動や反応同士を連合させる学

習であるが，報酬や罰刺激によって行動そのものが変容することもある。例え
ば，ある音が鳴った後にレバーを押すと餌（報酬）が出てくると学習すると，
その反応を再び行うようになる。このようにある状況や刺激によって特定の行
動が強化（もしくは弱化）される条件付けはオペラント条件付け（operant
conditioning）と呼ばれる。

　報酬と罰の神経システムを持つ動物はこれらの情動学習によって，不快な刺
激や生存の脅威となる状況をあらかじめ避け，逆に生存や繁殖のために必要な
ものに接近する可能性を高めることができる。ヒトにおいても同様のメカニズ
ムが働いていることが示されている。参加者の腕に電気ショックを与えると，
交感神経系が活動し精神性発汗が起こる。ここで，ある視覚刺激と電気ショッ
クを同時に与え続けると，連合学習が生じ，電気ショックがなくてもその視覚
刺激を見るだけでゾクッとした感覚とともに精神性発汗が生じるようになる。
このような条件付けられた情動反応は扁桃体の外側核で起こることが示唆され
ており，扁桃体を損傷した患者はこのような情動反応による学習の強化が起こ
らないことも示されている[6]。

　情動反応による学習の強化は生存に重要な機能であるが，負の情動反応自体
は不快なものであるし，先に示したように長期に持続すると健康に悪影響をも
たらす。そのため，役に立たない学習は消去されることも重要である。例え
ば，ある不快刺激に連合した中性刺激が，その不快刺激と関係なく何度も提示
されると，学習が消去され，情動反応は最終的に消失する（不快刺激が強すぎ
る場合は消去がうまくいかない場合もあり，心的外傷後ストレス障害：PTSD
の原因となっている）。消去には**腹内側前頭前野（ventral medial prefrontal
cortex）**が重要な役割を果たしているといわれている。腹内側前頭前野は扁桃
体に抑制性の投射を送っている大脳皮質の一領域である。腹内側前頭前野の損
傷は消去を阻害することが報告されている他，ある脳機能イメージング研究で
は，条件付けられた情動反応の消去と相関して腹内側前頭前野の活動が増加す
ることを報告している[7]。さらに，この領域は情動の認知や抑制にも深く関連
している。衝動的な暴力は情動制御がうまくいかない結果であると考えられて

いるが，この部位を損傷すると，そのような衝動を抑えられなくなる。事故に
よって広範囲に腹内側前頭前野を損傷した Phineas P. Gage（1823-1860）と
いう人物の症例では，知能に変化が見られなかったにも関わらず，ほとんど別
人のように衝動的になり，適切な意思決定を行うことができず，社会生活を送
るのが困難になってしまった[8]（症状は事故後の短期的なもので，順調に回復
した後に社会復帰したという説もある）。

　一方，報酬に関連する脳領域は1950年の半ば James Olds（1922-1976）らの
研究によって観察された脳内自己刺激行動と呼ばれる行動が発見の鍵となっ
た。レバーを押すと脳内のある部位に挿入された電極に微弱な電流が流れるシ
ステムを作成したところ，そのラットは餌を食べるのも忘れてレバーを押し続
けた[9]。ラットにとって食物は最高レベルの報酬であり，脳部位の電気刺激が
その獲得を超える報酬となったということであるから驚きである。報告された
部位は外側視床下部や中脳，大脳辺縁系の一部の領域であったが，後の詳しい
調査によって中脳の腹側被蓋野からこの側坐核に投射するドーパミン系の神経
投射がこの行動に重要であることが明らかとなった。中脳の腹側被蓋野から大
脳辺縁系の腹側線条体・側坐核に投射するこの系は中脳辺縁系と呼ばれ，報酬
系と呼ばれる報酬処理に関連するシステムの重要な部分を構成する。他に眼窩
前頭前野という前頭の領域が報酬の予測において活動することが脳画像イメー
ジングのメタ解析[10]において示されており，報酬系の一部に含まれると考えら
れている。さらに Estela Camara らのモデル[11]によれば，報酬系は動機付けの
回路と強化学習の回路からなり，これらの領域の他，海馬，視床下部，淡蒼
球，島皮質なども報酬処理において重要な役割を持っていると述べている。し
かし，「ドーパミン＝快」という単純な関係ではないことも明らかにされてい
る。詳しい調査によって，ドーパミンはこの事態は自分にとって重要と思われ
るので，以後これに注目するように行動を修正しようという信号としての役割
を果たしていることが示唆されている。ドーパミンは報酬を求める「動機付
け」と関わっているようである。

　これまで述べてきたように，情動は，接近と回避，さらにその学習を促し，

環境に適応するように動物の行動を調整する機能を持つ自然選択の産物である
と考えられる。それでは情動は進化のどの段階から出現したのだろうか。接近
と回避のシステムは原始的な単細胞生物にも認められ，ほとんど全ての生物種
に存在するといえるかもしれない。神経系を持つ動物に限ると，魚類のゼブラ
フィッシュにも報酬系と罰系に相当する神経回路が存在する[12]らしいことが報
告されている。気を付けるべきことは，これらの動物に情動が存在するという
ことはできるかもしれないが，感情的な意識体験（feeling）が存在するかは明
らかではないということである。主観的意識体験がヒト以外の動物に存在する
かは不明であり，意識の存在という問題自体が科学界で最も難しいといっても
過言ではない深淵な問いであるため，ここでその問題について議論するのは避
けたい。少なくとも情動（emotion）より感情（feeling）の方が系統発生的に
新しいと考えられる。

4.1.4 情動表出と基本6情動

　ヒトにおける**情動表出**（**emotional expression**）の役割のひとつに「他個体へ
の情報伝達」がある。例えば友人たちとダーツをしていて，的の中心（ブル）
に当たったときの表情の変化について考えてみよう。当たった瞬間にはまず驚
きの表情が現れ，続いて他の人物に喜びを表すために振り返ったそのとき，喜
びの表情が大きく現れるのではないだろうか（1人でダーツをしていて喜びの
表情を強く表す人は少ないと思われる）。情動表出はこのように，社会的場面
において重要な役割を果たしていると考えられている。それでは表情による情
動表出を我々はいつどのように獲得したのだろうか。Charles Robert Darwin
は既に19世紀に，ヒトの情動表出は他の動物の似たような情動表出から進化を
遂げた生得的なものであると述べていた。20世紀になり，**Paul Ekman**
（**1934-**）は，表情による情動表出は普遍的なものか，それとも文化によって
異なるものかについて検討した。当初，彼は表情の表出は文化によって異なる
と考えていたが，パプアニューギニアの部族民などを調査することで，孤立し
石器時代の文化で暮らす人々が，他の異なる文化の人の表情を写した写真から

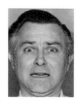
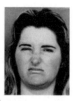

恐怖
危険、脅威があることを知らせる
捕食者、高所、暗所、災害など

嫌悪
不潔、不道徳などを避ける
病原、違反者から距離を置く

悲しみ
低活動になり休息を促す
援助や慰めが必要であること
を知らせる

怒り
敵に対しての威嚇
同種の個体との食料、縄張り、
繁殖相手をめぐる闘争

喜び、楽しみ
仲間や血縁者、配偶者との
つながりを強める

驚き
高い顕著性を持つものが
あることを知らせる

図4.2　基本 6 情動とその役割

意図を正しく読み取れることを確認した。これらの証拠によって，基本的な情
動表出が全人類に普遍的であり，生物学的基盤を持つと結論した。その後，
Ekman は顔面，頭部，眼球の動きを60の動作単位に分類し，顔面動作符号化
システム（FACS）と呼ばれる分類システムを作成した。これらの分析から，
情動表出に関しては恐れ，喜び，怒り，悲しみ，嫌悪，驚きの 6 情動「**（基本
6 情動）（the six basic emotions）**」に分類できることを突き止めた（**図4.2**）。
それぞれの情動表出は**図4.2**のようにそれぞれ異なる適応的・社会的役割を
持っていると考えられる。

4.1.5　情動・感情の生起メカニズムに関するさまざまな説

　情動・感情の生起メカニズム（the theories of emotion）に関しては長い論争
の歴史があり，主に身体反応との関わりについて議論が行われてきた。現在で
も議論は続いているが，ここでは代表的なものについて，古典的な説から比較
的新しい説まで概説する。

⑴　James-Lange 説

　一般的な常識では，人は悲しいから身体的な反応（例：泣く）が生じると考えられている。失恋すると悲しいから泣く，暗闇が怖いから震え，緊張し，冷や汗が出る，といった具合だ。しかし William James（1842-1910）はそれらの常識に異論を唱え，「ひとは悲しいから泣くのではない。泣くから悲しいのだ」と述べた。James は，状況が情動を引き起こし，身体反応を起こすという従来の考え方を否定し，先行する体の変化が情動を引き起こすと主張したのである[13]。また同時期に Carl G Lange（1834-1900）も類似した説を唱えた[14]。James は筋肉や内臓の活動を重視，Lange は血管活動を重視し，同時期に類似の主張をした 2 人の名前をとって James-Lange 説（情動の抹梢起源説）と呼ばれる。James-Lange 説は情動と身体反応の間に明確な順序を想定した極端な考えではあるが，感情の生起にも身体反応が重要な役割を果たすことを示唆し，議論を生んだという点で重要であったといえる。日本の慣用句にも胸が高鳴る，顔色が悪い，肩で息をする，手に汗握る，断腸の思い，はらわたが煮えくり返る，肝を冷やす，など感情的な様子を表す言葉には身体の一部が含まれていることが多い。情動反応は扁桃体の活動を介して交感神経系の活性化をもたらすことは先にも述べた。また情動の身体地図というタイトルがついた近年の研究では，その種類ごとに体の異なる領域に活性もしくは沈静を感じる様子が描き出されており[15]，情動の種類と身体反応が対応していることを示しているように見える。この James らの初期の説では，客観的に観察可能な反応である情動と主観的体験である感情の明確な区別はされていなかった。

⑵　Cannon-Bard 説

　Walter B. Cannon（1871-1945）とその博士学生であった Philip Bard（1898-1977）は James-Lange 説への反論として，情動の中枢起源説を提唱した。これは中枢神経系が情動のもとであり，身体反応は付随的なものであるとする，我々の一般的な常識に沿ったように見える説である。Cannon は大脳皮質が視床の情動（感情）体験発生のメカニズムを抑制しており，情動を引き起こす外部からの信号が皮質に達して，抑制が除去されると，大脳皮質において情動

（感情）体験が生じ，付随して内臓や筋の活動変化として情動が表出されると提唱した[16]。彼らはその説の中で，内臓感覚は感受性が低く，迅速な反応ができないため，内臓からのフィードバックによって感情を説明できないことを述べた。さらに動物実験において，内臓感覚からのフィードバックを脳に与える神経の切断により情動行動が変化しないことを観察し，James らの説を批判した。

⑶　Schachter-Singer 説

　James-Lange 説，Cannon-Bard 説という相反する 2 つの説に対して，新たに感情における認知的な要素を重視した理論を打ち出したのが，社会心理学者の Stanley Schachter（1922-1997）と Jerome E. Singer（1934-2010）である[17]。これまでの理論では生理的な身体反応と情動の 2 つの要因ばかりが注目されていた。それに対して，「認知」という要因を重視し，新たに理論に組み入れたのが，Schachter らの情動二要因説である。Schachter と Singer が行った実験では，心拍数や呼吸数の増加，血圧の上昇など興奮性の薬理作用を持つエピネフリン（アドレナリンの別名）を実験参加者に投与し，統制群の参加者には生理食塩水を投与した。エピネフリンを投与された参加者は，エピネフリンの興奮作用について正しい情報を与えられた群，何も情報を与えられなかった群，鎮静作用があるという誤った情報を与えられた群の 3 群に分けられ，そこに生理食塩水を投与する統制群を含めて反応の比較を行った。エピネフリンや生理食塩水を投与した後に，それぞれの群の部屋にサクラ（被験者のふりをする実験協力者）を入れて参加者を怒らせる言動をとってもらった。すると，正しい情報を与えられた群の参加者の自覚的な感情の評価は弱くなり，情報が与えられなかった，もしくは情報が誤っていた群の参加者では強い感情を報告した。その理由は，エピネフリンによって生理的興奮が生じると分かっていた群の参加者は，生理的興奮の原因をエピネフリンの作用に帰属したため怒りを認知しにくく，生理的興奮の原因がエピネフリンの薬理作用であることを知らない他の群では，その興奮をサクラに対する怒りに帰属したためと考えられている。ここから Schachter らは，情動が引き起こす生理的状態には，情動の種類による

大きな差はなく，まず生理的興奮状態の認知が起こり，その後に情動のラベル付け，つまりその場の状況に応じて，生じた生理的興奮に適当と思われる情動を当てはめて認知する，と述べた。このような①生理学的興奮の認知と②状況によるラベル付けが感情の認知に重要であるとする説をSchachter-Singerの二要因説と呼ぶ。この説によって，情動の客観的側面と感情の主観的側面についての区別が初めて注目されたといえる。

⑷　Damasioの情動理論

Damasioは，James-Lange説から始まる情動・感情の生起メカニズムの各論をもとに，独自の理論を打ち立てた。Damasioはまず，情動には背景的情動，基本情動，社会的情動が存在し，呼吸や血圧変動など生体の維持のためのホメオスタシス機能を底として，上位の情動の中に下位の情動が入れ子構造になって存在する，というモデルを提唱した。背景的情動は自律神経調節などのホメオスタシス機能を反映すると考えられる，情動の基盤となる状態である。一次の情動（基本情動）はJamesのいうような蛇やオオカミに恐怖するといった生物学的素因に基づく基本的な情動であり，生得的で前もって構造化されているものであると述べた。喜び，悲しみ，恐れ，怒り，驚き，嫌悪の基本6情動はEkmanが唱えたように，さまざまな文化の人間に，あるいは人間以外の種にも容易に見て取れるとした。

またDamasioは，ヒトには一次の情動だけでなく，社会文化的な要因に基づく高次の情動があると主張した。二次の情動（社会的情動）とは一次の情動の上に築かれる「大人」の情動であり，当惑，嫉妬，罪悪感，優越感，共感，プライドなどが当てはまる。これは生得的に潜在的な基盤はあるが，取得のためには社会的経験が必要，つまり後天的な学習によるものであるとした。社会文化的な影響を受けた情動であり，一次の情動の要素が入れ子的に組み込まれているとした。例えば軽蔑という二次の情動には嫌悪という一次の情動が含まれる。

Damasioは感情（feeling）とは，上で述べたような情動の知覚によって生じ

る心的表現であるとしている。特に次に述べる「身体マップ」の重要性について説いた。James-Lange 説に対しては，情動を実際の身体プロセスの知覚に依存させると，反応が遅くなり，無益なものになってしまうという批判があった。Damasio はこれを考慮し，感情は必ずしも実際の身体状態から生じるわけではなく，身体の情報を処理する脳の領域に瞬間的に構築された反応の脳内シミュレーションから生じることもある，と述べた。例えば，恐ろしい事故でけがをした人のことを思うとき，その人の苦痛を自分の身体に重ね合わせて感じるだろう。その時，実際に身体に怪我をしたわけではないが，大脳皮質の体性感覚野をはじめとする脳内で身体状態の偽のマップが即時的に提供される。このように瞬時にある状態をシミュレーションする脳内の身体マップの構築こそが感情の体験に重要であると述べている。

　さらに Damasio は James-Lange 説の身体と情動の関わりの解釈を拡張し，意思決定（行動）にまで影響すると考えた。私たちは最善の意思決定を合理的，理性的に行っていると思われがちだが，そうではないかもしれない。私たちの日常生活で直面する無数の選択肢から，合理的に最善のものを選択するのは非常に時間がかかる。Damasio は，実生活において妥当な選択が比較的短時間でなされるためにはかすかな身体反応（もしくはその脳内シミュレーション）が重要な手がかりとなるとした。ある選択に迫られると，それを意識するかしないかに関わらず，快や不快の身体的反応や予兆が生じ，それを手がかりとしてその選択肢を強めたり排除したりする。これが自動的に起きることで，多数のオプションが絞り込まれ，その後に合理的な選択がなされる。例えば，過去にある選択をして悪い結果に終わり，その結果として不快な身体状態が引き起こされると，その選択と不快な反応の経験的な結び付きが前頭前野に記憶される。後日似たような選択肢に直面すると，その不快な身体状態が自動的に再現，もしくは脳内でシミュレーションされ，その選択肢を意思決定から排除する。このメカニズムは先に述べた情動の役割である接近，回避とも共通するだろう。身体的な（somatic）情報の手がかり（marker）を使うということで，この仮説はソマティックマーカー仮説[18]と呼ばれる。

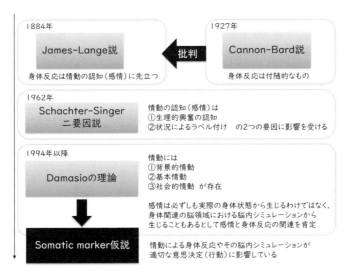

図4.3 情動・感情の生起メカニズムの各論

また近年，身体情報の認知と感情に関わる脳領域として，島皮質が着目されている。内受容感覚とは，心臓がバクバクしている，胃がキリキリする，息が上がっている，など自分の内側の身体反応を主観的に感知する能力であるが，Hugo Critchley らの研究[19]では，この内受容感覚の高い個人は右島皮質の活動が高く，同時に主観的な不安も高いことを報告している。島皮質は長い間論争となっている身体と感情を繋ぐ架け橋としての役割を果たしているのかもしれない。今後の研究の進展が期待される。これまでに述べた情動・感情の生起メカニズムの各論について**図4.3**にまとめた。

4.1.6 情動と現代社会

情動は生存に必要な機能であるが，現代の社会では非適応的となる場合がある（Damasio は役目を終えた情動もある，と表現している）。闘争逃走反応のために，敵を威嚇したり，戦ったり，危険な状況から逃げ出したりすると，脅威はなくなり生理的状態は正常に戻る。現代社会において命の脅威となる敵が

存在することは少なく，主なストレスは心理社会的なものである。ストレス反応においても同様の生理反応が起こる。その反応が短い限り問題にはならないが，ストレスが長期間に持続する場合もあり，持続的なストレスに曝されると，情動によって発生した自律神経系の反応，内分泌系の反応によって健康に有害な影響を及ぼすことがある。例えば，交感神経系の賦活により分泌されたアドレナリンは血圧を上昇させ，これが長期間続くと心臓血管疾患を引き起こす原因となる。内分泌系では，グルココルチコイド（ヒトではコルチゾール）の短期的な分泌はストレス緩和に有効であるが，長期的なグルココルチコイドへの曝露は海馬の萎縮，筋肉組織の損傷，生殖不能，成長抑制，炎症反応や免疫の抑制などの多くの健康被害をもたらす。また，怒りは社会的にトラブルを引き起こすし，過度の不安や悲しみによって社会生活に支障をきたした場合は精神疾患と見なされる。古代の狩猟採集生活では役に立っていたことが，現代の生活様式によって問題となることもある。例えば，不眠症について考えてみると，脅威に曝された際，眠気をシャットアウトし，長期間起きることができる能力は脅威に囲まれた古代のサバンナでは適応的であったかもしれない。しかし，現代の生活様式では次の日決まった時刻に起きて学校や会社に行かなければならないため，ストレスによる不眠は睡眠不足を引き起こし，健康を害することになってしまう。また，人間が恐怖を感じるものは数百万年前に人類の祖先が生息していた環境にチューニングされている。蛇，クモなどに対する恐怖症は現代の先進国でも多いが，これらが実際の社会において命の脅威となることは少ない。

　このように一部の情動は現代社会において一見非適応的に見える場合があるが，情動を抑圧することを勧めているわけではない。これまで見てきたように，情動は合理性を邪魔する阻害因子ではなく，むしろ行動や意思決定にまで直接的に影響しているヒトの本質であるかもしれない。それを軽視した現代の社会システムがあらゆる不都合の原因となっている可能性がある。さらに情動は生きる意味そのものでもある。現代でもヒトは苦悩を避け，喜びを感じるために日々生きている。情動軽視の社会システムを見直し，情動の特性を考慮に

入れた仕組みづくりこそが well-being な社会の実現のために重要になってくる
であろう。情動の影響を受けた不合理な認知バイアスこそ人間が動物としての
ヒトである証拠であり，人間性の根源でもある。人がヒトであることを受け入
れ，合理性と情動性のバランスの取れた社会を作っていくことこそが重要であ
る。そして情動の起源を探ることは我々の来た道と行く道を照らす営みであ
り，生理人類学が明らかにすべき今後の人類の行く末についての重要な示唆を
与えてくれるのではないだろうか。

引用・参考文献

1) Amaral DG: The amygdala, social behavior, and danger detection. Ann N Y Acad Sci, 1000：337-347, 2003.

2) Davis M: The role of the amygdala in fear-potentiated startle：implications for animal models of anxiety. Trends Pharmacol Sci, 13(1)：35-41, 1992.

3) Henke PG: The telencephalic limbic system and experimental gastric pathology：a review. Neurosci Biobehav Rev, 6(3)：381-390, 1982.

4) Drevets WC, Videen TO, Price JL, Preskorn SH, Carmichael ST, Raichle ME: A functional anatomical study of unipolar depression, J Neurosci, 12(9)：3628-3641, 1992.

5) Sergerie K, Chochol C, Armony JL: The role of the amygdala in emotional processing：a quantitative meta-analysis of functional neuroimaging studies, Neurosci Biobehav Rev, 32 (4)：811-830, 2008.

6) Bechara A, Tranel D, Damasio H, Adolphs R, Rockland C, Damasio AR: Double dissociation of conditioning and declarative knowledge relative to the amygdala and hippocampus in humans, Science, 269 (5227)：1115-1118, 1995.

7) Phelps EA, Delgado MR, Nearing KI, LeDoux JE: Extinction learning in humans：role of the amygdala and vmPFC, Neuron, 43(6)：897-905, 2004.

8) Damasio H, Grabowski T, Frank R, Galaburda AM, Damasio AR: The return of Phineas Gage：clues about the brain from the skull of a famous patient, Science, 264 (5162)：1102-1105, 1994.

9) Olds J, Milner P: Positive reinforcement produced by electrical stimulation of septal area and other regions of rat brain, J Comp Physiol Psychol, 47(6)：419-427, 1954.

10) Diekhof EK, Kaps L, Falkai P, Gruber O: The role of the human ventral striatum and the medial orbitofrontal cortex in the representation of reward magnitude – an activation

likelihood estimation meta-analysis of neuroimaging studies of passive reward expectancy and outcome processing, Neuropsychologia, 50(7):1252-1266, 2012.

11) Camara E, Rodriguez-Fornells A, Ye Z, Munte TF: Reward networks in the brain as captured by connectivity measures, Front Neurosci, 3(3):350-362, 2009.

12) Kastenhuber E, Kratochwil CF, Ryu S, Schweitzer J, Driever W: Genetic dissection of dopaminergic and noradrenergic contributions to catecholaminergic tracts in early larval zebrafish, J Comp Neurol, 518(4):439-458, 2010.

13) James W: What is an emotion? Mind, 9:188-205, 1884.

14) Lange CG (Ed.): über gemütsbewegungen, Leipzig, Germany: T. Thomas; 1887.

15) Nummenmaa L, Glerean E, Hari R, Hietanen JK: Bodily maps of emotions, Proc Natl Acad Sci U S A, 111(2):646-651, 2014.

16) Cannon WB: The James-Lange Theory of Emotions: A Critical Examination and an Alternative Theory, The American Journal of Psychology, 39(1/4):106-124, 1927.

17) Schachter S, Singer JE: Cognitive, social, and physiological determinants of emotional state, Psychol Rev, 69:379-399, 1962.

18) Damasio AR: The somatic marker hypothesis and the possible functions of the prefrontal cortex, Philos Trans R Soc Lond B Biol Sci, 351(1346):1413-1420, 1996.

19) Critchley HD, Wiens S, Rotshtein P, Ohman A, Dolan RJ: Neural systems supporting interoceptive awareness, Nat Neurosci, 7(2):189-195, 2004.

20) 泰羅雅登, 中村克樹 (Eds.): 第 4 版　カールソン　神経科学テキスト　脳と行動：丸善出版, 2013.

21) 渡辺茂, 菊水健史 (Eds.): 情動の進化―動物から人間へ―：朝倉書店, 2015.

22) ポール・エクマン：顔は口ほどに嘘をつく, 河出書房新社, 2006.

23) アントニオ・R・ダマシオ：感じる脳　情動と感情の脳科学　よみがえるスピノザ, ダイヤモンド社, 2005.

4.2 人のストレスと快適性

□キーワード

精神性ストレス，汎適応症候群，快適性

4.2.1 はじめに

ストレス（stress）とはもともと物体が力を受けたときの「ひずみ」を表す物理用語である。ストレスをもたらす「力」に相当するものをストレッサー（stressor）と呼ぶ。現代社会において人間は，その祖先とは異なる種類のさまざまなストレッサーに曝されながら生活している。

ストレスという言葉からは，例えば人間関係や仕事，試験などにより受ける心理的な負荷が想像されるが，そのようなストレスは**精神性ストレス**または情動ストレスと呼ばれ，ストレスの一種に過ぎない。その他のストレスとして化学的ストレスや物理的ストレスなどが挙げられる（**表4.1**）。登山や旅行などで高地に行くと，低圧低酸素環境に曝露されることになり，生体がストレスを受けることになる。極端に暑い環境や寒い環境なども物理的な環境ストレスの一種である。また**表4.1**に挙げた環境的なストレスの他に，激しい運動なども生

表4.1　ストレスの分類例[1]

分類	ストレッサーの例
心理・社会的ストレス	人との出会いや別離，職場でのトラブル，不況，失業，借金，災害，戦争など
化学的ストレス	ホルムアルデヒドやアスベストなどの化学物質，環境ホルモンなど
生物学的ストレス	病原菌，花粉など
物理的ストレス	騒音，振動，気象変化など

体に対するストレッサ—となり得る。

　ストレッサーにはこのような質的な種類による分類の他に，時間的な継続性による分類もあり得る。短時間の一過性のストレス刺激は急性ストレスと呼ばれるが，ストレスが繰り返し長期間に渡ってかかる場合には慢性ストレスと呼ばれる。後に述べるように，それぞれに対する体の反応は異なり，結果としてそれらがもたらす影響も大きく異なることとなる。

　私たちの祖先は長い間自然環境下で多種多様な環境ストレスに曝されながら生きていた。また多くの場合，栄養ストレスにも曝されていたと想像される。これに対し現代に生きる人間は，科学技術の発展によりそのようなストレスをつぎつぎに克服してきたように見える。冷暖房により1年中暑くも寒くもないちょうど良い温度を保つことができ，照明により暗い夜も活動的に過ごすことができる。生活環境や栄養状態が良くなった結果，日本人の寿命は延び続けている。

　一方で現代はストレス社会ともいわれ，例えば厚生労働省が全国の労働者を対象として行った調査では，回答者の58.3%が「強いストレスとなっていると感じる事柄がある」と答えている[2]。メンタルヘルス（mental health）は社会的な問題にもなっており，多くの人が癒しを求めている。なぜこのようなことが起きているのだろうか。本項では精神性ストレスを中心に，その生理的・心理的影響，ストレス対処と適応，そして快適な生活とは何かについて考えていく。

4.2.2　Selye のストレス理論

　生理学者である Hans Selye（1907-1982）は，「ストレス」という物理的な概念を生物に適用し，ストレス学説を唱えたことで知られている。Selye はハンガリーで代々開業医をしていた家族に生まれ，医学部の学生であったときに，病気の患者にある共通の症状が見られることに気付いたという。当時の医学では，感染症に見られるように，各種の疾患には固有の要因があり，その結果固有の症状（のみ）を示すと信じられていたが，Selye は，どのような病気

の患者でも食欲不振，疲労感，体重減少などを共通して訴えることに着目したのである。

Selye がそれを学説として発表したのは，その後研究者としてカナダに渡ってからであった。Selye は新たな性ホルモンを見つけることを目標に膨大な動物実験を行ううちに，寒冷曝露や薬物投与，外傷などを受けた動物が，似通った共通の反応パターンを示すことに気付いたのである。それらの反応はかつて医学生だった頃に，異なる病気に罹患した患者が共通して訴えていたものとよく似ていた。Selye はこれを適応の問題として捉え，ストレスの要因に関わらず起こる反応のパターンを**汎適応症候群**（**general adaptation syndrome**）と名付けた[3]。

Selye は汎適応症候群における，ストレス時の反応を「警告反応期（alarm reaction)」，「抵抗期（stage of resistance)」，「疲弊期（stage of exhaustion)」の3段階に分けて整理し，モデル化している（**図4.4**）。これによるとストレスの初期である警告反応期はさらにショック相と反ショック相の2つに分けられ，ショック相においては生体の抵抗力は一時低下する。ショック相に続く反ショック相には体はストレスに対して抵抗を示し，その後抵抗力が高まる抵抗期に移行する。抵抗期においてストレス状態が継続すると，抵抗力は徐々に低

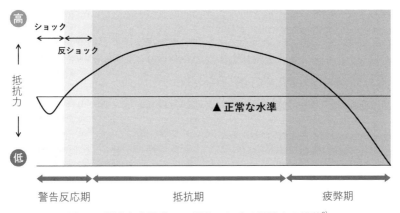

図4.4　汎適応症候群の3段階における抵抗力の推移[3]

下し始め，やがて急激に低下する疲弊期に入る。疲弊期においては，抵抗力は正常な水準を下回ることとなり，ついにその個体はストレスに負けてしまうことになる。

このモデルは1940年代に提案されたものであるが，誰もがおおむね納得できる合理的なモデルといえるだろう。ここで Selye はストレスに対する反応を「抵抗力」という言葉で表しているが，精神性のストレスを受けた際には生体内で神経活動やホルモン分泌が関与する複雑な反応が起こっている。

4.2.3　生体のストレス反応

精神性ストレスや物理的ストレスに対して，生体は大きく分けて2つの系で反応することが知られている。ひとつは交感神経系の緊張と，それに伴う副腎髄質からのカテコールアミン放出を含めた諸反応であり，これは sympathetic-adrenal-medullary（SAM）系と呼ばれる。もうひとつは視床下部—脳下垂体—副腎皮質系の活動亢進であり，こちらは hypothalamic-pituitary-adrenal（HPA）系と呼ばれる（**図4.5**）。

これら2つの系の反応は脳の扁桃体（amygdala），海馬（hippocampus）や視床下部（hypothalamus）といった部位によって間接的に結び付けられている。扁桃体は情動と呼ばれる原始的な感情（例えばストレッサーによって引き起こされる不安や恐怖）の中枢であることが知られている。この部位は五感を通したあらゆる感覚刺激の入力を受け，さらに記憶の中枢である海馬とは双方向の情報伝達を行っている。扁桃体と海馬のやり取りにより，外界から入力された情報は安全性の判断のため記憶と照合されたり，生命への危険の可能性がある刺激は忘れないように強い不快情動と結び付けて記憶されたりすると考えられている。

扁桃体からの情報は海馬を経由して，または海馬を経由しない経路にて視床下部に入力される。視床下部は自律神経系（autonomic nervous system）の総司令塔として知られる部位である。扁桃体と海馬のやり取りにより生命を脅かすような刺激だと判断されると，視床下部の指令により交感神経系が亢進し，

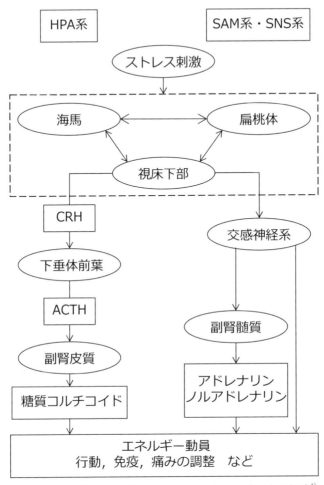

図4.5 内分泌系，自律神経系によるストレス反応の主な経路[4]

　その結果心臓血管系，消化系，呼吸，内分泌活動などが影響を受け，さらに副腎髄質からのアドレナリン分泌が増進する。具体的には心拍数や血圧が上昇し，筋肉やその他の重要な諸器官に血液を送り届ける。呼吸数が増大し，気管が拡張することで酸素の取り込みが効率的に行われるようになる。またグリコーゲンの分解や脂肪動員が促進され，血流に乗って全身にエネルギーが送ら

れる。瞳孔が散大するなど，各感覚系が鋭敏になることにより情報収集が活発になり，アドレナリンの作用により痛みを感じにくくなる。

　このようなSAM系による素早い反応はSelyeの提唱した「警告反応期」にあたるものであると考えられる。またアメリカの生理学者であるWalter B. Cannon（1871-1945）の提唱した「闘争逃走反応（fight-or-flight response）」も，この急性のストレス反応のことを指しているといえるだろう。Cannon は1915年に自著『Bodily changes in pain, hunger, fear, and rage』において，怒りや恐れ，痛み，そして生命への脅威に対して人間を含む動物は共通の生理的な反応を示し，その反応はそのような脅威と戦ったり，脅威から逃げたりするための生体の準備反応であるという考えを示した。Cannon のこの説の特徴は，生理的な危機（血液の流出など）のみではなく，心理的な危機も SAM 系の活性化を導くことを明らかにした点と，このような反応は闘争逃走時のホメオスタシス（homeostasis）を維持するものであると位置付けた点であるように思われる。いずれにせよ，前述のSAM系の亢進がもたらす生体のさまざまな変化は，確かに全身を活性化し，生命への脅威に力強く対抗したり，それから素早く全速で逃げたりするのに役立つであろう。

　アドレナリンの分泌亢進がピークを越えてもまだストレス状態が継続する場合，視床下部はコルチコトロピン放出ホルモン（corticotropin-releasing hormone：CRH）を分泌し，第二の反応系であるHPA系の活動を惹起する。こちらはホルモンによって結び付けられたネットワークであり，CRHを受け取った脳下垂体は副腎皮質刺激ホルモン（adrenocorticotropic hormone：ACTH）を分泌し，このホルモンが副腎皮質に届いて糖質コルチコイドホルモンであるコルチゾールが分泌される。

　コルチゾール（cortisol）は炭水化物，脂肪，タンパク質などの代謝に関係し，また抗炎症作用を持つ，生体に無くてはならないホルモンである。良く知られる生理機能として肝臓での糖新生（gluconeogenesis），つまり糖質以外の物質からグリコーゲンを生成するプロセスを活性化させる働きがある。ストレス時には分泌が亢進し，血糖値上昇，筋肉，脳といった各器官へのエネルギー

供給の促進，血圧上昇，抗炎症，抗アレルギー作用などに寄与する。一方でコルチゾールの分泌は免疫機能を低下させる働きがあることも知られている。

　HPA系は平常時から哺乳類において生体のホメオスタシスを司る重要なシステムとして機能しており，概日リズムやウルトラディアンリズム（数十分から数時間周期のリズム）を持ってコルチゾールを含む糖質コルチコイド分泌を制御している。コルチゾールの分泌制御は，平常時（ストレスが無い時）にこのホルモンの分泌量を適度な範囲に収めるとともに，ストレスが過ぎ去ったときにストレス時に亢進したHPA系の活動を平常時のレベルに戻すためにも重要である。この制御は古くから「ネガティブフィードバック」として知られる仕組みで行われている。すなわち血中コルチゾールの濃度が上がると，視床下部や脳下垂体を刺激し，CRH，そしてACTHの分泌量を低下させるため，コルチゾールの分泌も低下するというものである。近年では，コルチゾールの濃度上昇がCRH遺伝子に作用してCRHの合成を抑制することも分かってきている。すなわちコルチゾール分泌のネガティブフィードバックには，CRHやACTHの分泌量を低下させる「遺伝子を介さない経路」とCRHやACTHの合成量を低下させる「遺伝子を介した経路」があり，前者は秒〜分単位の速いループ，後者は日単位の比較的遅いループで働いている[6]。詳細なメカニズムはまだ不明な部分もあるが，HPA系の活動はSAM系や免疫系と連携しながら，従来考えられていたよりもさらに精緻な仕組みでコントロールされていることが明らかになりつつある。

4.2.4 ストレスと適応

　寒さや暑さ，低酸素といった環境の物理的なストレスに対し，人間は生理機能を変化させて生体内の恒常性を保とうとする。例えば高地に滞在すると酸素分圧が低いため，数日間は少し動くだけでも息苦しくなったり，頭痛を感じたりする。しかし多くの人は4日〜1週間頃から徐々に普通に動けるようになってくる。呼吸の調整や赤血球の増量，骨格筋への酸素供給の効率化などの反応が起こり，少ない酸素でも効率的に体を動かせるようになるためである。この

ように一過性に環境に慣れることを馴化（acclimatization）という。

　一方高地に暮らす民族によっては，例えば遺伝的に心肺機能が高いなどの現象が見られる。これは長い世代交代の中でこの民族が獲得した資質的特性であり，このような変化は遺伝的適応と呼ばれる。人間はアフリカで生まれ，熱帯を出て多様な気候や環境条件を持つ地域に広がっていった。この過程でさまざまな環境ストレスに曝され，それぞれに適応することで新たな性質を獲得していった。人間は生物の中でも文化的な適応を含めた高い適応能を持つことにより世界に広がったと考えられている。このように環境の変化による物理的ストレスには適応できるが，精神性のストレスに対して，人間は適応することができるのだろうか。

　ストレスに対し前述のように SAM 系，HPA 系を亢進させ，全身にエネルギーを送るという反応は，物理的なストレスを含めた一過性の大きな脅威に対しては有効であるが，相対的に弱く慢性的に続くようなストレスにはうまく対応できない。一方，現代の都市社会に生きる私たちが受けるストレスの多く，特に精神性のストレスは，一時的に体が「がんばる」だけでは解決できず，だらだらと慢性的に続くものが多い。Selye のモデルでも示されているように，人間の生理的な機能はまだそのようなストレスに適応しきれておらず，疲弊期に入ってしまったり，さまざまな心身の症状を呈してしまうものと考えられる。

　関連して起こっている可能性のある問題として，HPA 系機能の調整障害が挙げられる。これは HPA 系のネガティブフィードバックがうまく機能せず，コルチゾールが過剰に分泌されてしまうという現象で，うつ病や双極性障害，高不安症などいくつかの精神的症状との関係が指摘されている。例えばうつ病の患者では血中のコルチゾール濃度が高く，うつ病の改善とともにコルチゾール濃度も正常範囲になることが分かっており，特に CRH の投与に対するコルチゾール分泌の（過剰）反応性はうつ病の有効なマーカーとなっている（DEX/CRH 試験）。ただし HPA 系の過剰反応がこれらの症状の原因であるか結果であるかは明らかになっておらず，現在研究がなされているところである。

　同じようなストレスに曝されても精神性の疾患を発症する人とそうでない人

がいるが，HPA 系の調節能には遺伝および環境の影響が認められ[7]，何らかの理由で HPA 系の調節能が低いということが精神性疾患に対する脆弱性を高めているとの推測もなされている[8]。何世代か先の未来の人間が精神性ストレスに対してどのような耐性を持っているかは，今生きている私たちを含めた人間の適応能によっている。

4.2.5　快適性とストレス

　多くの人がストレスのない快適な環境を望んでいる。しかし「快適な環境」とはどういうものか？と聞かれると，はっきりと定義することは難しい。ひとつの考え方として，快適の反対語は不快であるから，「快適＝不快でないこと」と定義することができる。暑くも寒くもなく，明るすぎず暗すぎない環境であれば，少なくとも不快ではないため，快適であるといえるかもしれない。アメリカ暖房冷凍空調学会（ASHRAE）は温熱的快適性（thermal comfort）を「the condition of mind that expresses satisfaction with the thermal environment and is assessed by subjective evaluation」（温熱環境に満足を示す心の状態であり，主観的に評価されるもの（拙訳））としており，同時に，多くの研究で温熱的快適性を「neither slightly warm nor slightly cool」（全く暑くも寒くもない）として扱っていることを指摘している。しかしこの温熱的快適性に関する ASHRAE の定義や指摘のみを考えても，いくつかの疑問が生じてくる。例えば，暑くも寒くもない中立的な状態が本当に快適といえるのか，そして快適さは主観的にしか評価することができないのか，などである。

　温熱環境に限らず，中立的な状態が快適さの必要十分条件であるという考え方が適当ではないことは比較的理解しやすい。私たちの生活には「なくても良いがあった方が生活を楽しく豊かにしてくれるもの」が多くある。例えば遊園地やテーマパークがなくても生きていくために支障はないが，それらがあることで，生活に彩りが加えられ，ときによっては癒されるという人は多くいるだろう。遊園地やテーマパークに限らず，このような体験のない生活が，人間らしい心の豊かな生活であるとは考えにくい。従って「快適さ」にもいくつかの

段階があると考えるのが妥当と思われる。

　アメリカの心理学者である Abraham Harold Maslow（1908-1970）は人間の
欲求を階層として表す「マズローの欲求段階説」で知られている（**図4.6**）。
Maslow は，「人間は生理的な欲求，安全欲求などが満たされた上で，より高次
の欲求を目指し，最終的には最も高次の自己実現に向かって成長する」と主張
した。細部に賛否はあると思われるが，このような段階に分けた考え方は快適
性を捉える上でも役に立つかもしれない。例えば一番下の階層として生理的欲
求，安全欲求があり，その上には「暑くも寒くもない」といった中立的な状態
である"comfort"な状態を置き，その上に不快ではないことを前提として，
「楽しい」「癒される」などの積極的な価値を見出す"pleasant"な状態を置く
と考えやすい。第3段階の comfort まではマイナスを取り除き，ゼロ点に近づ
くプロセスであり，第3段階から第4段階まではゼロからさらにプラスを求め
るプロセスであるということができる。それではその上にくる最も高次な欲求
として何があり得るだろうか？pleasant への欲求が満たされたとき，私たちは

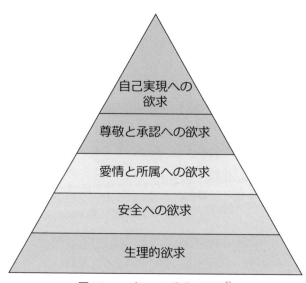

図4.6　マズローの欲求の階層[9]

次に何を求めるだろうか？

　今のところその答えはないが，快適さを主観的な心持ちだけではなく，客観的な方法で評価できるようになったとき，その答えが見つかるかもしれない。なぜならより高次の快適性を希求する欲求は恐らく人間に共通のものであり，そうだとすれば何らかの生物学的共通基盤の上に成り立っていると考えられるためである。概念すら存在しなかった「ストレス」に名前と体系を与え，生物学的な裏付けをつぎつぎに明らかにしたのが20世紀の科学であったとすると，快適性の科学は21世紀を生きる私たちへの課題かもしれない。

引用・参考文献

1）二木鋭雄：良いストレスと悪いストレス，日薬理誌，129，76-79，2007.
2）厚生労働省：平成29年「労働安全衛生調査（実態調査）」の概況，2018.
3）Selye H: The general adaptation syndrome and the diseases of adaptation, The Journal of Clinical Endocrinology & Metabolism, 6(2):117-230, 1946.
4）Murison R: The neurobiology of stress, in: al' Absi M and Flaten MA eds, Neuroscience of Pain, Stress, and Emotion: Psychological and Clinical Implications, Academic Press, 29-49, 2016.
5）Cannon WB: Bodily changes in pain, hunger, fear and rage: An account of recent researches into the function of emotional excitement. New York, NY, US D Appleton & Company, 1915.
6）Gjerstad JK, Lightman SL, Spiga F: Role of glucocorticoid negative feedback in the regulation of HPA axis pulsatility, Stress, 21(5):403-416, 2018.
7）Lee RS, Sawa A: Environmental stressors and epigenetic control of the hypothalamic-pituitary-adrenal axis, Neuroendocrinology, 100(4):278-287, 2014.
8）Holsboer F 1, Lauer CJ, Schreiber W, Krieg JC: Altered hypothalamic-pituitary-adrenocortical regulation in healthy subjects at high familial risk for affective disorders, Neuroendocrinology, 62(4):340-7, 1995.
9）Maslow AH: A theory of human motivation, Psychological Review, 50(4):370-396, 1943.

4.3　生活デザインと快適性

┌─□キーワード ─────────────────────────
│
│　デザイン，コンセプト，人間工学，デザイン思考，世代
│
└──────────────────────────────────

4.3.1　デザインと生理人類学

　デザイン（**design**）とは意匠計画であり，各種の要求を検討・調整する総合
的造形計画であるとされる。もう少し噛み砕けば，生活上の問題を解決できる
ように，さまざまな知識や技術を使ってものやこと，あるいは何かしらの仕組
みを創り出すこと，といえるだろう。しかし一般的には，デザインは製品やグ
ラフィックに関することとして，形と色が視覚的に美しいことと思われがちで
ある。この解釈はデザインの本質の一部分しか示していない。さらに，この解
釈は分かりやすいがゆえにイメージを固定してしまい，デザインが本来持って
いる幅広い意味を隠してしまっている。工業デザインに関する名著，認知心理
学者 Donald A Norman による「誰のためのデザイン」[1]では，人間中心のデザ
インの考え方が具体的に描かれている。例えば人間はエラー（過ち）を起こす
ものであるが，エラーの原因はデザインにある，という。この本ではさらに，
アフォーダンス[2]についても語られる。アフォーダンス（affordance）とは，与
える，故意ではなく自然に結果として供給する，といった意味を持つ動詞 af-
ford を名詞化した，知覚心理学者 James J Gibson の造語である。Gibson は，
生物と環境の間に存在する行為の可能性を表す概念としてアフォーダンスを提
唱した。Norman はこのアフォーダンスを，ユーザが知覚することに限定して
紹介した。なおアフォーダンスをより明確にするために，使い方を直感的に示
す記号としてのシグニファイヤという語も紹介している。アフォーダンスと
は，例えば椅子であるならば「この平面がユーザに座ることをアフォードし
た」というように，物の特徴が暗黙的に使い方を示すことと説明される。一見

妥当そうに見えるこのアフォーダンスも，問題をはらんでいる。もともとあらゆる行為の可能性を示していたものを，ユーザが物を使うシーンに限定してしまったことはしばしば批判の対象となるところであるが，科学的視点で見た場合に，もっと致命的なことがある。それはこの例のように，物を主語として擬人化した表現をしていることである。擬人化された表現は，誰がやってもそうなるという普遍的な印象を生み，ユーザであるヒトを科学的に考察する際の障壁となる[3]。大人が座る椅子は，子どもにとって椅子ではなく，テーブルかもしれない。使い方を決めるのは，物ではなく人間側である。デザインで他にもよく知られた概念として，ユニバーサルデザイン（universal design）がある。ユニバーサルデザインは，誰でも使うことができ，分かりやすく，安心で安全であること，といった考えで日本でも教育されている。しかし例えば"誰でも"とはいったい誰なのか，といった議論になると，さまざまな人の主観のぶつかりあいになってしまう。また今の日本では，福祉用具の意味合いが濃い。普遍的である，というユニバーサルの本来の意味からすると，これらは大きな間違いである。現在のデザインに関する諸理論を科学的に眺めると，このようにさまざまな問題が見えてくるのである。

　デザインの根幹には製造技術であったり認知科学であったりと，ヒトが長い年月をかけて蓄積してきた科学の成果が確実にあるのだが，デザインに関する理論は，その多くが科学性に乏しい。科学とは，無矛盾の説明が成り立つことである[4]。デザインでは，なぜそのような形や仕組みがヒトにとって必要なのかを説明しようとした場合に矛盾が生じ，整合性を維持できなくなることがある。一般化を目標とする科学とは反対側にあるようにも見える。デザインが抱えているこのようなヒトに関する科学性の乏しさは，恐らく，"物ありき"の考え方にあると帰結できるだろう。製造業では一般に，既存の物を基点として開発や設計が行われる。そのため詳細に，かつ具体的に検討を行うことができるが，逆に初期の段階で見逃したことには，それ以降気づくことができない。見逃された潜在的な問題点は，ユーザが使ったり過ごしたりしている最中に気がつくこともあれば，ヒトの無意識下に作用する場合はユーザ本人も，誰も気

がつくことができない。例えば柔らかいマットレスは，寝入る前に肌当たりの優しさを意識するが，体勢を支えられず骨格には厳しいということを睡眠中は意識できない。ユーザは腰痛を体験するが，肌当たりがいいこの寝具の影響とは思えない，といった具合である。後から考えて見逃しがあることが分かったとしても，物を基点とするデザインでは，この場合はこのような点でヒトに適合している，というように，内容を限定して後付けの説明にならざるを得ない。体系立ててヒトを中心とする普遍的な説明をすることは，物側の視点では難しい。

　人間に合わせて物や環境を作る学術領域として，**人間工学**（ergonomics）[5]が知られている。人間工学は，ヒトの特性に合わせて仕事・機械・環境を適正化する実践科学であるとされ，ISO や JIS などの工業規格でもしばしば登場する。実際に，労働環境の改善や安全で安心な暮らしの構築に役立っている。生活のシーンを例に取ると，居室や洗面台の寸法，自動車などの機械操作の方法，あるいはリビングルームの照明などの環境要素を，疲れにくく，不具合が起こりにくいように設計することが多くの先行事例で認められる。これらの研究は人間工学的デザインのいわば王道である。人間工学はヒトの特性に適合するように機器や環境，運用・管理方法を設計することに主眼を置いている。このとき対象とするのは，"現在の"ヒトである。例えば切る道具をデザインすることを考える。人間工学ではハサミと指のインタフェース部分をヒトの解剖学的特性に合うように検討し，使いやすく長時間使っても指が痛くなりにくいハサミの形状[6]を作ることができる。ただしこの発想プロセスでは，ハサミはハサミ以外の物になることはない。一方で人間工学よりも理学的立場にある生理人類学では，物を切るとはどういうことか，ヒトは何のために，どのように物を切ってきたか，ということから考えをめぐらす。そのため，ハサミではない全く新しい切る道具へと発想を膨らませるチャンスがふんだんにある。実はこの思考の展開方法は，おびただしい種類の高度化した科学技術がつぎつぎと出ている現代において，**デザイン思考**（design thinking）が拠り所とすべきことであろう。つまり，物ありきではなくヒトありきで，さらに時空間的に広く

ヒトを見ることで，良いデザインが生まれると期待するのである。

　生理人類学は700万年前に誕生した人類がこれまでどのように進化し，自ら
が産み出している人工環境にどのように適応しているかを検討している[7]。人
類はおよそ20万年前に現生人類となり現在の状態になっていると考えられてお
り，生体の全ての機能は狩猟採集時代の自然環境に適応して獲得されたと考え
られている。時間的な長さを実感しにくいため700万年を1日に例えると，現
生人類となったのは23時19分，農耕革命は23時58分，産業革命は23時59分57
秒，LEDは作られてから0.7秒しかたっていないことになる。つまり現代の生
活環境は人類にとっては一瞬の出来事であり[8]，全く普遍的なものではない。
一方でヒトが獲得してきた生体の諸機能は重力，温度，光などの基本的な物理
的環境要因が変わらなければ恐らくこのさき数千年以上は変わらず，デザイン
のライフスパンからすると普遍的といって良いだろう。物ありきではなく，自
分たち自身であるヒトありきへのパラダイムシフト，そして生理人類学的な視
点が，デザインに関する課題を発見し，解決する力となるだろう[9]。

4.3.2　生活を快適にするデザイン

　ここではいくつかの例を挙げ，生活を快適にするためにどのようにデザイン
をすればよいか，考えてみたい。快適性はしばしば，不快を除去することで得
られる“消極的快適性”と，不快がない上にさらに主観的な気持ちの良さを得
る“積極的快適性”に分けて論じられる。現代の環境は衣食住が十分に備わっ
ており，健康な場合は，日常的な不快はおおよそ除去可能といえるだろう。消
極的快適性は，例えば暑い，寒い，衣服の着心地が悪い，椅子のサイズが合っ
ていない，空腹だ，疲れた，などの意識できる不具合がまず先にあり，それを
除去することで得られる。そのため個人間で意見の一致が得られやすい。課題
が明らかであることから研究や技術の開発，個人の行動の調整も行いやすく，
その結果，多くが解決可能となる。不快の原因が環境や物にある場合，そこを
基点としてデザインをすればよく，比較的，物ありきの思考法，具体的には従
来の製品の設計手法で進めることができる。

　一方，簡単でないのは，積極的快適性を得るための考え方である。これには，意識できない不具合を除去するか，意識できる具合の良さを増長することが，最終的に主観的な気持ちの良さに繋がると仮定することから始めるとよい。意識や具合の良し悪し，気持ちの良さといったヒトに関することをデザインに取り入れる方法は，通常のものや仕組みの設計の方法論にはない。そのような中で人間工学には，タスク分析と呼ばれる情報整理の方法がある。ユーザが行う作業の内容を列挙することで，手順の効率化や着眼点の漏れの防止を行うものである。これはヒューマンエラー（human error）を防止し，疲れにくくパフォーマンスを高めるデザインの発想をもたらすことができる。ただし先述のようにハサミはハサミ以外のものにはならない。一方，生理人類学的なタスク分析[10]は，ヒトの行為に潜む意図と全身の生理反応を整理するものである。快適な生活デザインを行うための方法論の例としてここで紹介したい（**表4.2**）。生理人類学的なタスク分析は生理機能における重要な着眼点を抽出することを狙いとしており，ヒトを中心とするデザインの基点となる情報が与えられる。手順は以下の通りである。(1)デザインの対象となる事柄について，仮説

表4.2　生理人類学的なタスク分析の例

	内容	行動	生理的負担
意図①	毎日決まった時間に短く行う	外出する場合，朝は切迫感のもとで，帰宅後の夜はリラックスして行う…	起床後30分ほどでコルチゾルがピークを迎え，交感神経系が亢進し…睡眠前は…
意図②	気持ちを切り替える	生活のタスク間で，行動の目的と実施が引き継がれないようにする…	マルチタスクに関わる脳内のリソースの負担を…
意図③	洗面台では立位で，リビングルームでは…	立位を維持し，両上肢を挙上して鏡像タスクを行う…	椎間板に負荷がかかる。姿勢を維持しながら…
④	…	…	…

※ここではスキンケアの例の一部を記載した。

立てやアンケート調査によって，ヒトの行為に潜む意図を列挙する。(2)挙げられた各意図を行として，「行動」と「生理的負担」を列とする表を作成する。(3)各意図に対応した行動を記述する。また生理的負担として，顕在意識や自律的機能による運動や行動を支えるために，中枢神経系，筋骨格系，自律神経系や循環器系などの生体内の各系が全身的協関（1.3を参照）のもとで機能している機序（作用の仕組み）を記述する。(4)機序の全体を見て表の行を超えてカテゴライズし，生理的負担をいくつかの要点に集約する。このようにして得られる要点は，デザインの対象となる事柄に対して，どのような生理機能を重要視すべきかという課題を示すことになる。ここまでがタスク分析の流れである。これ以降は，各要点に対してデザイン要件と解決のための核心技術や仕様を求め，要点の優先順位を決めて提案などを行えばよい。以下に，デザインのターゲットとなる生活シーンを示した上で，このような手法を実施した例を説明する。

(1)　住空間のデザイン

　住居は外環境から身を守り，食行動や排泄，睡眠といった日常的行為を安心して行うために大切な空間である。住空間のうち，洗面・脱衣室はそれらの行為の基盤となる衛生を維持する上で重要である。洗面・脱衣室では，顔に関わること，頭髪に関わること，目に関わること，口腔に関わること，肢体に関わること，その他体重測定や洗濯，化粧や装身，外出準備，睡眠やリラクゼーションの準備といった心身の健康に関わることが多々行われる。その中心となる洗面台でスキンケアをすることを例にとり，生理人類学的なタスク分析を行った。日本人の成人で2,000名を超える実態調査を行ったところ，スキンケアに関する7つの状況と意図が明らかになった。それは，スキンケアは半自動的に行うこと，洗顔などのさまざまな作業が含まれること，決まった時間に短く行うこと，洗面室では立位で，リビングルームでは座位で行うこと，生活で必要なタスク間の気持ちの切り替えになっていること，健康志向があるがどうすればよいのかという方法は不明であること，良いものがあれば受け入れる心

理的余裕があること，であった。そして各意図における行動の具体的な記述を行ったところ，主・副タスクの切り替えの存在や特定の行為の時刻帯が決まっていること，静的な姿勢の維持が時間的に多いこと，行為に付随する実感，例えばスキンケアがどの程度有効なのか，が不十分であること，が明らかとなった。ここまでで理解できるように，生理人類学的にデザインを行う場合は，物や環境に関する着想を最初に行わない。次に，それぞれの行動の最中やそれらの前後に生じる生理的負担を多面的に記述する。その結果，洗面台におけるスキンケアの全体を通して，脳内のリソース（思考上の資源）配分の負担，感覚フィードバックが乏しいことによる処理上の負担，不適切な光環境や温熱環境による自律神経系の負担，首や腰といった筋骨格系の負担，立位に由来する循環器系の負担，そして報酬が不十分であるという精神的負担が存在することが明らかとなった。これらには，生活のシーンでは自覚することが困難なものが多く含まれている。生理的負担の観点から要点をまとめたところ，精神的リソース，身体的負担，報酬，負担を予想できるか，という4つの課題が明らかとなった。各課題に対して既存の知見と技術を組み合わせて適用したところ，鏡台と洗面・脱衣室の光環境のサーカディアン制御とパーソナル空調，外光環境シミュレータ，ハイポジションチェアという発想が得られた。最終的にこれらをひとつに統合したところ，従来の洗面台ではない，積極的快適性に繋がる可能性がある新しい空間デザインを生み出すことができた[10]。

(2)　移動するためのデザイン

　自動車は人類が持つ個々の移動能力を飛躍的に向上させた機械である。現在は前の車に追従しながら車間距離と走行速度を一定に保つ定速走行・車間距離制御装置（adaptive cruise control：ACC）が一般化しており，ヒューマン・マシン・インタフェース（human machine interface）を介してヒトと機械が一体となって制御するものになっている。従って，ヒトにとって快適な仕組みのデザインが必要である。人類はホモ・モビリタス（移動するヒト）とも呼ばれ，直立二足歩行を獲得して長距離を移動できるようになった。これは他の生物に

は見られない特徴であることから，移動することそのものが喜びとなり，積極的快適性を増進しうると考えられる。ここでは，移動の基本となる自動車の加減速を行うことを例にとり，生理人類学的なタスク分析を行った。上述の洗面台の場合は実態調査から意図が明確になったが，運転に関しては回答者が細かいことを意識してしまうと考えられたため，あらかじめ自動車の車速調整に含まれると思われるユーザの意図を整理し，その上で5,000名を超える調査を行った。設問は，運転中の速度調整の意図（どのように運転したいか）について，積極－消極，容易－困難，楽（らく）－負担，楽しい－面倒のそれぞれの度合いと状況を聞いた。その他，運転免許保有の有無，運転頻度，加速度を何から感じるか，運転歴，運転の得意度，同乗者がいるか，メーターを見る頻度，ウィンカーをいつ出すか，ハンドルのどこを握るか，ACCの認知，ACC所有の有無と不満点，ACCを積極的に使うかどうか，ACCをどのようなシーンで利用するか，であった。ACCシステムを含むヒューマン・マシン・インタフェースについて生理的負担を多面的に記述したところ，デザイン開発で考慮すべき点として以下のことが明らかとなった。行動を支えるために無意識に行っていること，例えば足の自重補償，筋の共収縮（関節周囲の複数の筋が同時に活動すること），皮膚と筋紡錘（筋内にある張力を感じ取るセンサ）によるフィードバック，ペダル位置の推定などに介入しないこと。ACCシステムと同時に使われることになるステアリングとアクセルについて，ACCと連携した操作に習熟しやすいこと。習熟しやすいとは，既に獲得済みの動作の微修正で使える，または新たな学習が少しで済むという意味である。手間を減らし，空間認識が容易で，身体的負担が小さいこと。運転の意図にネガティブに干渉しないこと。自動車の挙動に関連したエンジン音や振動をあまり小さくせず，視覚以外の聴覚や体性感覚によるフィードバックを積極的に利用できると良いこと。高齢の運転者を考える際は，さらに多種のモダリティ（視覚や聴覚などの感覚種）を考慮すべきであること。交通法規への応答を含めて，学習済みの状態に介入しにくいこと。両手と片手のどちらでも操作できるとより良いこと。精神的・身体的負担を抑え，感覚のフィードバックによってもたらされ

る運転の楽しさを失わないこと。生理的負担の観点からこれらを要点にまとめ
たところ，意図への介入の仕方，多種の感覚と複数の運動出力からなる運動の
内部モデル，体性感覚という 3 つの課題が明らかとなった。各課題に対して既
存の知見と技術を組み合わせて適用すると，例えば，身体的負担を抑えた車速
設定装置，人と機械のどちらに速度制御の権限があるかを直観的に触覚や固有
受容感覚で伝えること，アクセルやブレーキペダルと手元の車速調整装置の協
調は，全身的協関（1.3 を参照）を前提として精神的負担を抑えることがデザ
インの目標になること，といった発想が得られた。最終的にこれらをひとつに
統合したところ，従前の操作系を邪魔することなく，自動車の運転における積
極的快適性を向上させる可能性があるヒューマン・マシン・インタフェースの
デザインを生み出すことができた[11]。

4.3.3　社会的世代とデザイン

　世代（generation）とは一般的に，同時期に生まれた生物の集団を示す。ヒ
トの場合は寿命が長い上に季節と無関係に出生するため，生物学的な定義の世
代を当てはめることは適切ではない。しかし日常的に世代という語が私たち自
身に対して使われている。日本では令和世代というように元号で呼ばれたり，
その他の社会的背景から名付けられたりする。世代の概念がこれだけ浸透して
いるということは，文化を形作る一翼を担っている生活デザインと，相互に影
響を及ぼしあっているといえる。生活を快適にするデザインを目指すにあたっ
ては，ヒトの普遍性を大前提として，世代に応じた調整を行うことが，より快
活に生きるデザインを作ることに繋がるだろう。

　人間の暮らしにおいて，世代はいわば“感性集団”と捉えることができる。
感性（Kansei もしくは sensibility）が醸成されるメカニズムが近年の研究から
徐々に明らかになってきた。まず，外環境あるいは自己の身体内部の感覚を脳
内で処理し自律神経系などを通して全身の状態が変化する。これが情動反応で
ある。感動して震える，涙が流れる，恐怖で心拍数が上がる，といったことは
みな情動反応である。情動反応は脳自体によって常にモニタされ，意識される

ことなく速やかに処理が行われる。つまり，恐ろしいことに遭遇した時，美しいものを見た時，それらに対応した情動反応が起こると同時に，あるいはそれよりも早く脳内ではあらかじめ創られた感性という名のテンプレートに従って，状況の解釈や自分にとって有利不利の判断が完了している。このように感性は，身体の反応に基盤をおいた，生命維持のための直観的な判断システムといって良いだろう。人工環境の変化は加速しており，LEDが生活用照明として使われるようになったのはこの10年ほどである。人工の光環境はヒトに大きな影響を与えることが，近年の生理人類学の研究成果から明らかである。高色温度光のもとでは味覚閾値が低下するが，LEDによる高色温度光に日常的に曝露され続けた人は食の嗜好性が変化しているかもしれない。つまり光環境に対応して働く感性はこの10年で変化している可能性がある。また加齢とともに水晶体が黄変化して青色の感受性が乏しくなるため，高齢になる以前に形作られた感性に基づくと，同じ人工環境下でも直観が変容することになる。このような状況が一個体ではなく集団で認められる場合は，それも"感性集団"であり，社会的世代である。環境が感性に与える影響は個体の成長過程でもありうるが，さらに，親の世代が持つ食に対する感性や住居の快適さに対する感性のもとで生み育てられた子は，そういった環境によってその感性が影響を受ける可能性がある。遺伝とは違う方法で，生理的メカニズムを通して感性がつくられたり，受け継がれたりする。

　ヒトの普遍的特性に合わせて何らかのデザインを最適化しようとすると，解はひとつとなり，一通りの結論になるかもしれない。しかし現実にはそうなっていない。これは，生活デザインは常に世代や地域文化などの影響を受けているからである。誤った感性を暴走させることなく，次世代の健康的な暮らしに繋がることを意識しながら，文化も含めて現在の世代に合わせた調整を行うことが，より快適な生活デザインの方法であろう。従って上述の住空間のデザインや移動するためのデザインは，ヒトの特性を技術と統合する最終の段階において，世代や文化が変われば変わる部分があることを容認するものである。また，デザインの方法論である生理人類学的なタスク分析は発展途上の方法論で

ある。生理的メカニズムを考察する範囲やその深さ，遺伝情報に関することまで含めるかといった問題は，個人特性をどこまで生活デザインに反映させるべきか，といった今後の倫理的，社会的動向を見据えて考える必要がある。

4.3.4 デザインは課題発見と解決そのものである

デザインは，ヒトが道具を作り，幾重もの時間（世代）と空間（地域）を超えて知識のやり取りをしてきた結果得られた，個であり集団である人が持つ能力である。これは本書の**コンセプト**である課題の発見と解決そのものであり，本書もまたデザインの成果といえる。テクノアダプタビリティや全身的協関（1.3を参照）などのヒトの生物学的特徴に基盤をおいて一貫した科学[12]の姿勢を取ること，そしてヒトありきへのパラダイムシフトと生理人類学的な視点は，言語や文化の壁を超え，真にユニバーサルなデザインを生み出すだろう。

引用・参考文献

1）Donald A Norman, 岡本明（訳）：安村通晃（訳），伊賀聡一郎（訳），野島久雄（訳）：誰のためのデザイン？―認知科学者のデザイン原論，新曜社，2015.

2）佐々木正人：新版 アフォーダンス，岩波書店，2015.

3）下村義弘：製品のデザインとアフォーダンス，高齢者・アクティブシニアのための本音・ニーズの発掘と製品開発の進め方，技術情報協会，274-279, 2016.

4）横山真太郎：生理人類学の周辺散歩―次世代研究者へのメッセージ―，日本生理人類学会誌，14:16-21, 2009.

5）大久保堯夫（編）：人間工学の百科事典，丸善，2005.

6）Shimomura Y, Shirakawa H, Sekine M, Katsuura T, Igarashi T.: Ergonomic design and evaluation of new surgical scissors, Ergonomics, 58:1878-1884, 2015.

7）Yasukouchi A.: Journal of Physiological Anthropology aims to investigate, how the speed of technological advance, experienced during the 21st century, is affecting mankind, J Physiol Anthropol, 31:1-2, 2012.

8）勝浦哲夫：人工光環境と生理人類学，日本生理人類学会第75回大会概要集：24, 2017.

9）下村義弘：生理人類学的なデザインとは，日本生理人類学会第75回大会概要集：33, 2017.

10）下村義弘，夏亜麗，志村恵：生理人類学によるデザイン方法論，日本生理人類学会第77

回大会概要集：58, 2018.

11) Shimomura Y, Hatano Y, Shimura M, Xia Y, Ikegaya M Ijima S.: Physio-anthropological design for human-machine interface of adaptive cruise control system, Abstract book of 14th International Congress of Physiological Anthropology, pp. 42-43, 2019.

12) Shimomura Y and Katsuura T: Sustaining biological welfare for our future through consistent science, Journal of Physiological Anthropology 32(1), 2013.

4.4　人とテクノロジーの関係

┌─□キーワード ─────────────

　テクノロジー，適応，ストレス，体外器官，文化的適応，テクノストレス，テクノアダプタビリティ，テクノストレスアダプタビリティ，テクノアシストアダプタビリティ

└──────────────────────

　現在の我々の生活は，多くの科学技術の所産によって支えられている。エネルギーや情報通信，運輸交通など，生活の基盤を支える公共的な設備はいうまでもなく，パソコンや携帯電話，家電製品，住宅設備など，身近な個人の生活も多くの科学技術の恩恵によって支えられているのが現実である。

　一般に，科学の成り立ちや変遷の歴史を研究する科学史の分野では，科学の誕生は古代ギリシャにさかのぼるといわれている。Platōn（プラトン，BC427-BC347）や Aristotelēs（アリストテレス，BC384-BC322）などの多くの哲学者をはじめとして，数学者としても有名な Thalēs（タレス，BC624頃-BC546頃）や Pythagoras（ピタゴラス，BC582-BC496），物理学や天文学などの分野でも活躍した Archimedes（アルキメデス，BC287頃-BC212）など，一度は耳に覚えのある古代ギリシャの科学者たちである。一般に，科学は，自然界で生じるさまざまな現象を理解し，記述と体系化を試みる人間の知的営みということができる。

　一方で，技術はそのような科学の結果や経験に基づく知識を，人間の生活に役に立つように実践するための方法であるといえる。一般に，考古学では，人

類における技術の始まりは石器や骨器などの道具の製作と使用であるといわれ，旧石器時代（石器が出現してから BC8500前頃まで）にさかのぼると考えられている。初期の石器は，原石の表面を剥離して製作された石核石器と呼ばれ，植物や動物などの食糧を加工し，調理するために使用されたと考えられている。

　このように，本来，科学と技術は成り立ちも目的も異なるものであるが，我が国では，科学と技術をひとまとまりにして科学技術という言葉で表現することが多い。今日の先端的な技術の多くが，科学的な知識と原理に基づいて実現していることから，経験的知識体系とそれに基づいた実践の方法という意味で一般に用いられているのであろう。本節では，人間と技術の関係について，生理人類学の考え方を解説する。後に詳しく解説するが，生理人類学では，人間と技術の関係をテクノアダプタビリティというキーワードで表現するので，これ以降は技術に代わって**テクノロジー**（**technology**）という言葉を使うこととする。

　ヒトの進化の過程で，テクノロジーはどのような役割を果たしてきたのか。これからの将来に渡って，ヒトとテクノロジーはどのように向かい合っていくべきなのであろうか。本節では，ヒトとテクノロジーの関係について生理人類学の視点を学ぶ。

4.4.1　適応とストレスの連鎖

　長い間，人類の祖先[*1]は，アフリカの南東部，現在のケニアやエチオピアなどの地域に生まれたと考えられてきた。これらの地域は現在の気候区分ではサバンナ気候と呼ばれる一年を通して温暖な草原地帯であり，多くの動物が生息してきたと考えられている。一方，フランスのポワティエ大学の Michel

---

＊1）ここでいう人類の祖先とは，進化の過程で共通の祖先であったチンパンジーとヒトが，各々，オランウータン科とヒト科に分かれた最初の人類を示す。ヒト科の中にもその後の進化の途中で絶滅した多くの人類が存在したと考えられているが，現在は，ホモ・サピエンス・サピエンスと呼ばれる一種類の人類である。

Brunet たちが2002年に発表した論文では、これまでに報告された中で最も古い
人類の化石が、ケニアやエチオピアから遠く離れた中央アフリカのチャドで発
見されたことが報告された[1]。600万年から700万年前に生存した人類であると
推定されている。この人類は、チャドのサハラ砂漠の南に接するサヘル（Sa-
hel）と呼ばれる地域から出土されたことから、サヘラントロプス・チャデン
シス（*Sahelanthropus tchadensis*）と命名された。

　このように、アフリカで生まれた私たち人類の祖先は、中央アフリカからア
フリカ南東部に至る広い範囲に分布したと考えられるようになった。いずれの
地域も雨期と乾期が明確に分かれており、雨期には草原が広がる。人類の祖先
は、そのような温暖なアフリカの気候条件の下で、そこに生存する植物や動物
を食糧として生活してきたと考えられている。すなわち、初期の人類はアフリ
カの自然環境に対して遺伝的に**適応（adaptation）**して進化したと考えられて
いるのである。

　その後、ホモ・エレクトスと呼ばれる人類は、アフリカを出てヨーロッパや
アジアへと生活圏を拡大し、世界中に拡散していった。そこでは、それまでの
アフリカの温暖な気候とは異なり、寒冷や高地などさまざまな自然環境が待ち
構えていた。人類にとっては初めて経験する気候条件であったといえよう。温
暖なアフリカの気候に遺伝的に適応して進化した人類は、どのようにしてその
ような環境の中で生き延びたのであろうか。アメリカの生理人類学者である
Paul T. Baker（1927-2007）は、人類はテクノロジーによる適応（technological
adaptation）によってそのような**ストレス（stress）**を克服したと述べ、人類が
実行した最初のテクノロジーによる適応は、火の使用と衣服と住居であると記
している[2]。これらは、寒冷な自然環境において体温を維持するだけでなく、
猛獣などの外敵から身体を保護することにも貢献したと考えられている。その
後、人類が地球上の広い地域に生活圏を拡大する過程では、さまざまな新しい
ストレスとの遭遇が待ち構えていたであろう。人類は、生物としての適応能で
ある遺伝的適応と生理的適応に加えて、新たなテクノロジーを発明し応用する
ことによって、つぎつぎに現われる未知のストレスを克服してきたと考えられ

ている。

　このように，人類の進化の過程では，生活圏の拡大に伴って新たなストレスに遭遇し，生物としての適応能と人類の英知の産物としてのテクノロジーによる適応能を駆使してそれらのストレスを克服してきた。その結果，人類の生活圏はさらに拡大し，またも新しいストレスに遭遇するという，適応とストレスの連鎖の中で人類は進化してきたといえる。生理人類学では，テクノロジーを環境のストレスに対する適応能として捉え，また，新たなテクノロジー自体が新たな環境のストレスになりうると考えている。

4.4.2　テクノロジーによるヒトの適応

　今日，人間はさまざまなテクノロジーを産み出し，その成果としての人工物や人工システム（人工的に創り出した仕組み）を用いて社会を構成し，日常生活を営んでいる。特に，都市と呼ばれる空間では，建築物や道路などの都市空間とそこを行き交う自動車や航空機などの運輸交通システム，昼夜を問わず快適な環境に制御される室内空間とそこに備えられるさまざまな機器や設備，電気や水道，情報通信といったインフラストラクチャー，さらにインターネットや衛星などを経由して提供される多様で膨大な情報など，我々の生活を支える科学技術の成果は枚挙にいとまがない。

　このような人工物は，さまざまなカタチで我々の生活を支えているが，我々人間の身体的な機能やその働き，能力を補い，あるいは維持し高めることに貢献する人工物や人工システムを，特に**体外器官**（**exosomatic organ**）と呼ぶことがある。代表的な体外器官の例を**表4.3**に示す。身近な体外器官の代表例であるメガネ（眼鏡）は，何らかの原因によって正常な視覚が損なわれた場合に，眼球の外部に人工的なレンズを追加して設置することによって視覚を正常に近づけることができ，視覚機能を補う体外器官であるということができる。また，血液中の代謝産物や老廃物を濾過する腎臓の働きに障害が生じたとき，人工透析装置はまさに体外に設置された人工の腎臓として体外器官というイメージが容易に理解できよう。体毛の体温調節機能や身体保護機能を補う衣

表4.3 体外器官としての人工物とそれに対応する生体器官など

体外器官（人工物）	対応する生体器官など
メガネ	眼 球
人工透析装置	腎 臓
衣 服	体 毛
パワースーツ	筋骨格系
自動車	筋骨格系およびエネルギー代謝系
コンピュータ	中枢神経系（脳）

服，筋力を補強し農作業や運搬作業，介護作業などの作業者の身体的負担を軽減させるパワースーツ，筋骨格系による歩行や走行の能力を格段に拡張する自動車などの移動機器，さらには，脳による情報処理能力を飛躍的に拡張するコンピュータなど，さまざまな身体の機能や能力を補い高める人工物は，もはや我々人間にとって無くてはならないものになっていることが理解できよう。

　体外器官は，我々自身の身体的機能や能力に働きかけるものであると理解できるが，照明や空調，食糧の生産やその保存など，我々の生活環境に働きかけて人間の生存に有利な条件をもたらすことも，テクノロジーによる基本的な適応の方法である。昼夜を問わず人間の活動を可能にした照明や，自然の暑さ寒さに関係なく快適な空間を提供してくれる空調などはその代表例である。熱中症対策として空調を利用して積極的に室温をコントロールするなど，人間の生活を助け支えるテクノロジーの存在は欠くことができない。しかし一方では，猛暑や豪雨などの異常気象や気候変動の原因のひとつに，温室効果ガスの増加など自然環境に対する人間の過度の介入が指摘されており，将来に大きな問題を投げかけているのも事実である。

　遺伝的適応や生理的適応などの生物としての適応能に対して，これまで述べた人工物の使用だけでなく，生活上のルールや仕組み，行動の様式などを含めて生存に有利な条件を獲得することを**文化的適応**（**cultural adaptation**）と呼ぶ。文化という言葉の定義と範囲は学術領域によっても異なり，文化的適応の範囲をどのように考えるかは一様ではないが，生理人類学では人工物を用いた

適応を文化的適応の代表として考えることが多く，そのような意味から，道具的適応と呼ばれることもある。

　文化的適応は，他の生物種には見られないヒト特有の適応の形態であると考えられ，生物学的適応（biological adaptation）とともに，ヒトの適応能を形成する重要な要素となっている。ここで述べてきた通り，現代の人間の生活を考える上では，もはや文化的適応を無視することはできず，人間の生存には生物学的適応よりも大きな意義を持っているといっても過言ではない。このように，ヒトとテクノロジーとの関係についての生理人類学の視点のひとつは，科学技術の産物としての人工物が，文化的適応の手段として現在の人類の生存と繁栄に大きく貢献しているということである。

4.4.3　テクノロジーがもたらすストレスと適応

　これまでに示してきたように，さまざまな科学技術の産物としての人工物や人工システムは，人間の身体の働きや能力を維持し高め，あるいは，人間の活動に有利な環境や状況をつくりだすなど，今日の人間の生活に無くてはならないものとなっている。元来，このような科学技術の産物は，人間の欲求と必要性に基づいて，人間生活を豊かにすることを目的としてこの世に誕生したものであろう。しかし，核爆弾やその他の兵器などの極端な例に限らず，科学技術の産物が必ずしも常に人間の生活や生存に貢献するとはいえず，何らかの悪影響や弊害を与えることも懸念される。

　1980年代初頭のアメリカで，Craig Brod によって**テクノストレス**（**technostress**）という言葉が提唱された[3]。この時代は，それまでのタイプライターにかわって CRT スクリーンを使用したパーソナルコンピュータがオフィスに導入され，家庭ではコンピュータゲームが普及しはじめた時代であった。Brodは，オフィスワーカーやゲーム愛好家を対象にした調査の結果から，多くの人々が共通した身体的な問題を訴えていることに注目し，そのような問題をテクノストレスと呼び警鐘を鳴らしたのである。彼が指摘したテクノストレスの内容は，主にコンピュータ・プログラマーが訴える無気力，消耗感，頭痛，疲

労感，さまざまなうつ症状，コンピュータゲームを愛好する子どもたちの生活リズムの乱れ，感覚の異常，他人とのコミュニケーション様式の変化，人間関係の崩壊などである。Brodは，テクノストレスとは新しいコンピュータテクノロジーにうまく対応できないことによって生じる新たな適応障害であると述べている。1980年代にBrodが訴えたテクノストレスの実際は，その後40年近く経過した今日の状況を考えると，過剰な反応と警鐘であった部分は否定できない。しかしながら，生活リズムの混乱やスマートフォン依存など，今日でも大きな問題として取り上げられている部分も少なくない。

　オフィスなどでのコンピュータ作業をVDT（video display terminal）作業と総称するが，Brodがテクノストレスという言葉を使用した当時では，テクノストレスの最も代表的な原因としてVDT作業が取り上げられていた。今日では，パソコンに加えてスマートフォンやタブレットなど，さまざまなタイプの機器が使用されるようになり，その目的も単なる事務作業や文書作成などではなく，インターネットを介した情報の閲覧やデータの通信，コミュニケーションなど，情報端末としての機能が主流となっていると思われる。**図4.7**は，日本人の年齢階級別のスマートフォン・パソコンなどの使用者数を示している[4]。20歳から24歳の男女の90％が，スマートフォンやパソコンを使用したと回答し，15歳から44歳では80％以上が使用している。中学生から中年層に至る日本人のほとんどが，スマートフォンやパソコンを使用しているといえよう。また，1時間未満の短時間の使用者は50歳代，1時間から3時間の使用者は30歳代から40歳代前半が多いのに対し，3時間から6時間，6時間から12時間，12時間以上という長時間の使用は，10歳代後半から20歳代に多いというのも特徴である。これらの傾向は，仕事での使用や趣味娯楽としての使用など，使用目的の違いを反映しているものかもしれない。いずれにせよ，今日では日本人の多くがスマートフォンやパソコンを使用していることは間違いなく，視覚障害，睡眠障害，体内時計の変調，首や肩のこりなど，さまざまな健康上の問題点が指摘されているのが現状である。

　Brodがテクノストレスを提唱した時代には，コンピュータは大きな期待と

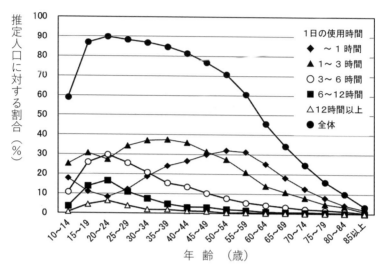

図4.7 日本人のスマートフォン・パソコンなどの使用者数の割合[4]

　憧れを持ってオフィスや家庭に導入され，その反面，労働環境や生活の変化に対する不安も大きかったのであろう。今日の生活環境を考えると，インターネットや情報端末の普及はもはや当然になり，IoT（モノのインターネット）や自動運転，さらにはAI（人工知能）と，つぎつぎに新しいテクノロジーが生活に導入されようとしている。従って，テクノストレスという言葉も，単に人間とコンピュータテクノロジーとの不適合によるストレスだけに限定せず，さまざまなテクノロジーに支えられた生活環境を想定した概念として捉えるべきであろう。まさに次世代のテクノストレスの時代であるといえる。

　技術革新によって人類は多くの困難を克服し，今日に至っている。世界の人口は増大を続け，高齢化が加速している。種としての人類の繁栄は，同時に地球規模での食糧問題や環境・エネルギー問題という負の側面も有している。我々が当たり前のように使用しているインターネットやスマートフォンではあるが，人類の進化の歴史から考えれば，それはまさに今始まったばかりの未知の領域といっても過言ではない。冒頭に述べたサヘラントロプス・チャデンシ

スを起点とすれば，人類の歴史は600万年から700万年である。一方，第一次産業革命の中心となった蒸気機関の発明（1712年）は約300年前のことであり，アップルがスマートフォン（iPhone）を発売したのは2007年，わずか十数年前である。

　新しい技術の導入が，将来の人類にどのような影響を投げ掛けるのか，生物学的な観点からそれを予測するのは極めて困難である。しかし，これらの機器を使用するユーザとしての人間に何が起こっているのかを観察し，生理的適応能の視点から考察する生理人類学の方法論は，テクノロジーと人間の関係についての基礎的な資料を蓄積し，将来に向けた情報を発信する上で重要である。

　ヒトとテクノロジーとの関係についての生理人類学のもうひとつの視点は，人間生活を便利で豊かにする科学技術の産物としての人工物が，人類にとっての次なる未知のストレスの原因になり得るというものであり，人類は常に新しいストレスへの適応を求められているという考えである。

4.4.4　テクノアダプタビリティ

　生理人類学における人間研究の目的とアプローチは，しばしば5つのキーワードを用いて説明される。5つのキーワードとは，環境適応能，テクノアダプタビリティ（techno-adaptability），生理的多型性，全身的協関，機能的潜在性である。これら全てのキーワードの意味についての解説はここでは省略するが，そのひとつであるテクノアダプタビリティは，生理人類学における科学技術と人間の関係性を探究する重要なキーワードである。

　生理人類学を含む人類学全般に共通する興味は，ヒトの多様性である。背が高い人，低い人。太っている人，痩せている人。鼻が高い人，低い人。現存するヒトは，ホモ・サピエンス・サピエンスと呼ばれる一種のみであるが，体型や体の大きさ，肌の色や毛髪の特徴など，さまざまな異なる外見上の特徴を備えている。また，このような外見の特徴だけでなく，ヒトの多様性は体質やさまざまな身体の機能などにおよんでいる。お酒に強い人，弱い人。走るのが速い人，遅い人。朝型の人，夜型の人。陽気な人，陰気な人。例を挙げればきり

がない。さらに，1人の個人を考えてみても，生活する環境や習慣，年齢が変わることによって，あるいは学習や練習といった鍛錬を続けることによって，体型や身体機能，さまざまな能力も著しく変化することはよく知られている。このようなヒトの多様性（diversity）が何のために，どのようなメカニズムで生じるのかを明らかにすることは，ヒトという存在の本質的な意味を解明することに繋がり，人類学に共通する興味となっているのである。

　生理人類学では，このようなヒトの多様性を説明する生物学的メカニズムとして，人間と環境との関係を重視し，環境適応能というキーワードを最上位に掲げている。一般に環境適応能とは，人間の生活におけるあらゆる外的要因に対する適応能を示しており，適応と同義語と考えて良い。生理人類学は，その成り立ちにおいて環境生理学の影響を強く受けたことから，特に暑さや寒さなどの人間の生活環境の物理的な要因に対して，より健康で安全に生きてゆけるように身体的な機能を変化させることのできる能力を表わす言葉として使用されることが多い。一般に，気温が高い地域で生まれ育った人々は，気温が低い地域で生まれ育った人々よりも手足が長い。これは，体内で産生された熱を効率よく体外に放出するための体型を示し，高温環境に対する遺伝的適応の結果である。また，近年，猛暑による熱中症が問題となることが多いが，夏に向かって徐々に暑さに慣れることも重要な対策であるといわれる。これは，暑さに慣れることによって放熱のための皮膚血管運動や発汗による身体冷却の効率が高まり，暑さに耐える能力が向上することを意味しており，暑熱馴化と呼ばれる生理的適応である。

　このような背景の中で，テクノアダプタビリティというキーワードは，さまざまな環境のストレスの中でも，特にテクノロジーがもたらすストレスに特化した言葉であり，テクノロジーに代表される人工環境のストレスに対する適応能と理解することができる。先に示したテクノストレスの概念を用いると，テクノストレスに対する人間の適応能ということができる。従って，テクノアダプタビリティは環境適応能に含まれる概念であり，テクノロジーによるストレスだけを特段に取り上げる必要もないということも可能である。しかし，テク

ノロジーによるストレスを特に強調することは，現在や未来の生活環境を視野に入れて人間の姿を探究する人類学であることを示しており，他の人類学領域にはない生理人類学の特徴を現している。

一方，テクノアダプタビリティという生理人類学のキーワードは，先に述べた Baker が使用した技術的適応という言葉や体外器官の例のように，テクノロジーを手段とした人間の適応能という意味で使用されることも少なくない。快適で安全な都市空間，高度に発展を続ける医療技術，安定して供給されるエネルギーや食糧など，既に述べてきたように，テクノロジーに支えられた適応能を抜きにしては人類の繁栄を語ることはできない。

これまで，テクノアダプタビリティに関する議論の中で，この2つの意味はしばしば区別されずに使用され，混乱の原因となってきたのも事実である。従って，今後は，「テクノストレスに対する適応」と「テクノロジーを使用した適応」を区別できるキーワードの整理が必要である。そのような意味から，著者は，テクノアダプタビリティに代わる4つのキーワードとして，**テクノストレスアダプタビリティ**（**technostress adaptability**）と**テクノアシストアダプタビリティ**（**techno–assisted adaptability**）という用語を提案している。

1900年代の前半に数多くの映画作品を発表し喜劇王と呼ばれた Charles Chaplin（1889-1977）の代表作のひとつに，「モダン・タイムス」という作品がある。そこには，製鉄工場で歯車の一部として働く労働者や自動食事マシーンによって強制的に食事をさせられる姿などが描かれている（**写真4.1**）。人々の生活を便利で豊かにするはずのテクノロジーの進歩が，いつの間にか人間疎外の現実を招いたことを風刺的に表現しており，人間にとって真の健康や幸福とは何かを問うている。

科学技術の発展と進歩は，まさに人間の英知の賜（たまもの）である。しかし，英知の賜としてのテクノロジーがもたらすストレスや弊害は，人間の英知によって解決されるべきであろう。ホモ・サピエンス（知恵あるヒト）と呼ばれる所以であろう。生理人類学は，人間と科学技術との関係を考えるに当たり，我々に大きなヒントと将来への道標を示してくれる。

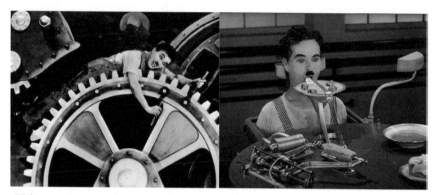

写真4.1　チャールズ・チャップリン主演・監督「モダン・タイムス」(1936) より
(C) Roy Export SAS
　　左）歯車の一部として働く労働者。右）自動食事マシーンによる強制的な食事

引用・参考文献

1) Brunet, M. et al.：A new hominid from the Upper Miocene of Chad, Central Africa. Nature, 418：141-151, 2002.

2) Baker, P. T.：The adaptive limits of human populations, Man, New Series, 19(1)：1 - 14, 1984.

3) クレイグ・ブロード，池央耿・高見浩訳：テクノストレス，新潮社，1984.

4) 総務省統計局：平成28年社会生活基本調査結果，スマートフォン・パソコンなどの使用時間，年齢，行動の種類別総平均時間―週全体，男女総数（10歳以上）（http://www. stat. go. jp/data/shakai/2016/kekka. html（2016））

Chapter 5

人の未来と課題

5.0　はじめに

┌─ □キーワード ─────────────────────────

　第四次産業革命，脳内自己刺激，報酬効果，快・不快，ホメオスタシス，狩猟採集，
科学技術，文化，地球環境問題，エントロピー，互恵的利他主義

└─────────────────────────────────

「**第四次産業革命（fourth industrial revolution）**」という言葉が出てきたのは
2016年のことである。物理，デジタル，生物の間の境界を曖昧にする技術の融
合が特徴とされる。人工知能，ナノテクノロジー，生物工学，モノのインター
ネット，自動運転などに代表される。その近未来はこれまでの技術革新の延長
上の世界ではなく，生活や産業界の仕組みを大きく変えるといわれる。恐ら
く，第五次，第六次産業革命と続くであろう人類の未来は，もはや我々の想像
を超えている。従って，人の未来にどんな課題が生じるかも予測がつかない。
しかし，どんな未来が来ようとも，それは人が創るものである。人の行動がど
のように生じ，どんな目的で実行されるか，その本質的なものを理解すれば，
未来への課題やその対応について多くのヒントを与えてくれるはずである。生
理人類学の未来に対する使命はまさにここにある。

5.1　人の本性と行動

　人の未来は，これまでもそうであったように人の行動によって形成される。
そうであれば，人の行動の本質とは何であろうか。生物である以上，何億年も
前から，死を回避し生に執着する機能上のアルゴリズムが選択されてきた。さ
らにヒトの場合，生命への不安がなければ便利さや快適さを求める，あるいは
それらを可能とするお金や社会的地位を欲する。欲するものが満たされれば，
さらなる願望が続くというように終わりがない。

　1953年，カナダのマギル大学（McGill University）のポスドクだった James

Olds は，同じ研究室の大学院生 Peter Milner との共同研究で初めて**脳内自己刺激**（**intracranial self-stimulation**）行動を見い出し，その後報酬系の存在を発表した[1]。実験では，ケージ内のラットが 1 カ所に設置されたレバーを押したら，ラットの脳内に埋め込まれた電極の先端部に微弱な電気が流れるように仕掛けてある。この実験ではたまたま電極の先端が**報酬効果**（**reward effect**）を与える部位（複数あるが，ここでは中隔：septum）であった。ラットは最初偶然にレバーを押すが，その後つぎつぎに報酬を求めてレバーを何度も押す行動を示した。多いときは 1 時間に5,000回にもおよび，まさに寝食への欲を超えたレバー押しが観察された。この脳内自己刺激行動はその後サルをはじめイカの類いでも認められ，生物の生存に重要な役割を果たしてきたと考えられるようになった。また電極の位置によっては二度とレバーを押さなくなる罰系の情動生起もあり，報酬と罰はそれぞれ接近と回避の行動を招くとされている。空腹時にいち早く美味そうな果実の匂い（報酬の予測）を嗅ぎ取った個体は接近して食料にありつけ，またそれが腐敗した果実で不快な匂い（罰の予測）を感じれば回避して吐き出す。それができない個体は生存競争から外れる。ネズミの実験によると，食べ物の味や匂い，また食べる行為が報酬効果を与える。ただし，報酬の価値は空腹時ほど大きく，満腹になる従って小さくなる。味の報酬価値は前頭眼窩皮質で解読され，味神経を賦活するために食行動を起こす[2]。このとき，食行動が"レバー"となり味神経の賦活が"報酬"となる。

　ヒトであれば報酬と罰はそれぞれ快と不快の情動に相当する。従って人の行動は，このような**快・不快**の情動と接近・回避の行動の結び付きが基本になっている。"好きなことはしたいが，嫌いなことはしたくない"にも通じる。また本文冒頭のように，ある望みが叶えば次の欲望が芽生えることにもなる。この情動と行動がリンクするアルゴリズムは現在も同じだが，環境が過去とは激変した今となってはよほどの注意を要する。この注意はまずは個人に，次は社会に喚起する必要がある。

5.2 個人への注意喚起

　快・不快の情動が生存のために必要であることは理解できるが，では快や不快の情動，あるいはそこから派生するさまざまな感情そのものには人にとってどんな役割があるのだろうか。

　南カリフォルニア大学の Antonio Damasio によると，快・不快といった情動・感情は，からだの生命プロセスの良し悪しの状態を意識として知らせる信号と捉える。身体内部の**ホメオスタシス**の状態が良ければ快（不快を感じないことも含む）を感じ，状態が悪ければ不快を感じる。二日酔いで気持ち悪いのは，まさに身体内部の状態が好ましくない信号である。従って，快を求めて接近し，不快を回避する行動様式は理にかなっている。過去の環境であればこの主観に依存して行動すれば基本的にうまく生存できた。しかし，人類が適応した過去の環境と適応しているつもりの現在の環境との乖離が，快・不快の信号とからだの良し悪しとを必ずしも対応させない状況をつくっている。すなわち，現代文明下の生活環境では"快"と感じても必ずしもからだに良い状態とは限らず，病気にさえ繋がることもある。

　飢餓との闘いであった**狩猟採集**の時代，あるいは農耕が始まっても飢饉は頻繁に訪れた。この状況下では，日々の必須栄養素をいかに効率的に取り込めるかが生死を分かつ。糖，タンパク質，塩は必須栄養素であり，従って甘味，旨味，塩味に積極的な嗜好性（快）を持たせることで効率的な摂取を可能とした。またフレーバー（快）を感じ取る高カロリーの脂肪性食物も同様である。一方，腐敗したものは酸味（不快），毒性のものには苦味（不快）を感じそれらを回避させた。このように不足しがちな食環境では，快を求めてレバーを押すネズミのように美味しいものから摂取することが自然に生存に結び付いた。私たちは，この快追求の食行動の仕組みを残したまま，現代の飽食環境にいる。嗜好性に任せて大好きな甘いものを取り過ぎれば糖尿病，止まらない塩味の取り過ぎは高血圧，好物のフライドチキンなどの揚げものを取り過ぎれば肥

満，というカタチでからだが悲鳴を上げることになる。私たちは飢えには耐えるが，飽食に耐える適応はしていない。

食に限らず，一般生活での多くの行動に注意を要する。座ることは楽だが，座りがちの生活そのものは腰痛や体力減退を招く。食欲のままにとる間食，便利なコンビニ弁当への依存は基礎代謝を下げる[3]。夏季，冬季の快適な空調機器の多用は耐暑性や耐寒性を減退させる。夜間の明るい照明やスマートフォンディスプレイの見過ぎは，概日リズムの遅れとそれによる睡眠不足や日中の集中力欠如を引き起こす，といったように枚挙にいとまがない。私たちは好きなものを求め嫌なことを避けたがる脳の構造を持って生まれていること，そして適応した過去とは違う世界にいることによくよく注意しなければならない。

5.3　社会への注意喚起

本格的な農耕の開始は10000年前といわれるが，地球的な広がりをみせるまでには時間がかかっている。いずれにしても農耕や牧畜の開始によって，食糧供給は安定し，定住地の人口は増大し，作業の分担化や社会組織の構築が進む中で文明が芽生えてきた。社会組織ができると農業従事者以外の生業も生じ，やがて文字や貨幣が発明される。中世になると大航海時代を迎え，食糧供給力がさらに増して人口の急増に繋がり，**科学技術**も進展した。産業革命以降になると人口の増加は一段と加速され，18世紀初頭で約6億人だったのが2020年（9月）では78億人を超えている。このような中で，私たちは快を求めて文明の利器による便利さや快適さを追求し，科学技術がこれに追随して，あっという間に現代のような文明社会に至ったといえる。快中枢を刺激したいという欲望が文明化をさらに押し進め，地球環境を変えていくという連鎖がみえてくる。この間，長い狩猟採集という地質学的時間軸からするとあっという間の出来事である。

5.3.1　快追求と文化

　人は社会性動物である。個人における身体内部のホメオスタシス維持と同様に，社会組織も身体外部環境として秩序を保たなければならない。この維持に重要な役割を果たすのが**文化**（**culture**）である。文化とは，そもそも人間と動物の本質的差異を示すために人類学者が考え出した概念といわれる。しかしながら文化の定義は難しい。生理人類学において最もよく表現されているのは，佐藤方彦による「文化の中でも特に生活に密着した部分の総称，特に，適応体系としての文化を重視することになる。象徴や観念もその要素である。文化とは人間が生活を営む過程で環境へ適応を図る媒体であろう」である[4]。

　では，快追求や不快回避の行動様式は文化にどのようにあらわれるだろうか。個人個人が快を求めて好き勝手すれば，一方の快行動が他方の不快に繋がることが多々ある。従って社会の秩序を維持するためにさまざまな規範ができてくる。規範にはその社会での常識，慣習，伝統なども含まれる。規範を大きく逸脱するものは，周囲から咎められたり，村八分のようなペナルティが科せられる。場合によっては，現在なら警察機構も働く。規範があることで社会組織は安定し，多くの人々が快適に過ごすことができる。規範はまさに“環境へ適応を図る媒体”としての文化といえる。一方，車や空調機器などの文明の利器も適応を図る媒体としての文化である。これらを区別する上で，前者の規範は文化のソフト媒体，後者の道具類は文化のハード媒体と呼ぶ。

　私たちが利便性や快適性という快を求めるのは人の本性に元を発する。当然それに当て込むビジネスが展開されるのもお金という快刺激による。買い手の欲求が満たされればさらなる欲求が出てくる。それに対応するための技術開発やイノベーションが新たな欲求に応える。この繰り返しが文明化を加速し，生活環境を変える時間はどんどん短縮されるとともに，変わる環境の質も規模も大きくなっていく。快追求という本性は，もう文明化を止められそうにない。後は科学技術を基盤としたハード媒体をどのような規範の下で活用するかにかかってくる。しかもこの規範は，ヒトの本来の資質や適応能力を維持するものであり，社会集団のホメオスタシスを適切に維持できるものでなければならな

い。従って，私たちの未来は，ハードもソフトも適応媒体としての文化の有り
様が問われることになる。しかし，社会的ジレンマでも知られるように，総論
賛成でも各論はそうはいかない現実の課題がある。

5.3.2 文化への注意喚起

⑴ ハード媒体依存への課題

　文明の利器に囲まれている環境では，私たちはついそれに頼ってしまう。
ちょっとした移動にも電車や車を使い，仕事場では座ることが多い。こういっ
た行動が体力減退や腰痛に繋がることは既に述べた。微小重力の宇宙ステー
ションにおいて，地上で1Gに耐えていた筋骨格系や循環系が最も早く衰える
現象は，徐々にではあるが地上での座りがちの生活でも生じる。私たちは宇宙
でなく地上で暮らす存在であり，そのための体力は維持しなければならない。
長寿社会の現代こそ，最も老化の進みやすい筋骨格系を維持することは，健康
寿命をより長くするためにも重要である。空調機器の多用による耐暑性・耐寒
性の減退なども含めて，私たちが文明の利器であるハード媒体に依存すればす
るほど，本来の生物学的な適応能力は低下することを銘記すべきである。

　もうひとつの大きな課題は，**地球環境問題**である。私たちは生命を維持する
ために食物として外界からエネルギーを摂取しなければならない。そのつど周
囲の秩序を乱している。これは**エントロピー**（**entropy**）の法則といわれるも
ので，物質とエネルギーは常に"秩序化されたものから無秩序化されたもの
へ"，あるいは"利用可能なものから利用不可能なものへ"と変化する[5]。自
然界の無秩序化への流れに逆らうにはエネルギーが必要だが，このエネルギー
を私たちは摂取している。しかも人間の場合，自動車や空調機などの文明の利
器を使用し，多大なエネルギーを消費している。東京から札幌まで約
1,000 kmを自動車で移動すると，15 km/lの燃費として67 lのガソリンを消費
する。もしジェット旅客機を利用すれば，機種にもよるが，ドラム缶（200 l）
にして約50-60缶を消費する。食物すらも，それを手に取るまでの過程に要す
るエネルギーは大きい。例えばトウモロコシの大半はアメリカからの輸入に依

存している。耕し，種をまき，化学肥料や農薬を散布し，刈り入れるまでの過程において，巨大トラクターなどの大型機械で多大な化石燃料が消費される。さらに長い航路で運搬され，工場で加工され，店頭までの移動・流通系に要するエネルギーが消費される。トウモロコシの缶詰 1 個が持つ熱量をはるかに上回るエネルギーが投入されている。私たちの 1 日のエネルギー所要量は約2,000 kcal である。半世紀程前の平均的なアメリカ人で，日常生活で消費するエネルギーは約20万 kcal と試算された[5]。近年のエネルギー消費の主体は情報である。人工知能，モノのインターネット，自動運転，ビッグデータの利用拡大などで情報媒体やそれらから派生するデータ処理に消費されるエネルギーは膨大となる。もし省エネルギー対策がなされないとすると，2030年では現在（2019年）の世界の電力消費の1.8倍，2050年にはなんと208倍になるという[6]。いずれにしても環境から莫大なエネルギーが吸い取られ，無秩序化が促進されていく。刻々と地球の秩序の破壊は加速されている。さらに加えて，廃棄物や消費するエネルギーから出る炭酸ガス，また原子力エネルギーによる放射能の汚染は深刻である。

⑵　ソフト媒体の課題

　ハードとソフトの両媒体の調和が重要である。ソフト媒体は社会全体の規範でもあるが，ひとつひとつのハードに対応する規範も必要である。車を運転するにも道を歩くにも道路交通法以外に必要なマナーが求められる。また水道電気は使い放題ではあっても節水節電が必要だし，ゴミは分別し，種々の家電製品価格にリサイクル料が含まれるのは承知の上である。しかし，これらが当たり前の感覚になるまでには相当な時間を要している。携帯電話サービスが始まったのは1987年である。公共の場で使用すると他者に迷惑をかけるが，マナーモードが搭載されるまでに10年ほどを要している。もちろん個人のマナーそのものが求められたのは当然であるが。さらに自動車運転中の携帯電話使用禁止が道路交通法で規定されるまでにはさらに時間がかかっている。技術の進展が著しい中で，新たに生じた迷惑行為を規制するマナーが常識化されるま

で，さらにそれが制度上の規則として整備されるまでには常に大きな遅れが生じている。新しい文明の利器が出るたびに生じる負の側面への対応の遅れは社会的ストレスとなり，いかに対処するかが今後の大きな課題となる。

常識や慣習のようなソフト媒体は，地域集団によって異なる。家族間でさえ違う。特に地理的な隔たりや異なる言語や宗教を持つ集団の間では，それぞれの組織内の秩序を維持するための常識やルールが大きく異なってくる。異国で暮らせば経験できることであるが，現地で日々のストレスを感じる。一方，移住者が日本人であれば，現地の日本人街や日本人集団に入るとほっとするし癒やされる。まさに文化は適応媒体である。1億2,600万規模の人口を持つ国でありながら，日本ほど在留外国人の少ない国は珍しいのではないか。総務省の調査では，統計をとり始めて過去最高となった2019年7月でも在留外国人の数は全人口の約2％に過ぎない。同じ島国の英国では全人口の約13％が白人以外である。しかし，日本も労働人口の減少から近い将来多国籍化してくることは必然である。今まで日本文化が当たり前だっただけに，移民者との間で生じる異文化によるお互いのストレスについて，いかにして新たな文化を構築していくかは，喫緊の課題となる。

⑶　快追求と3つの不適応

これまでの「注意喚起」をまとめると，大きく3つの不適応（maladaptation）に要約される。1）からだの不適応，2）こころ（脳）の不適応，3）地球の不適応である。まさに人の未来の課題である。

からだの不適応は，地質学的時間軸上で長い年月を重ねて築いてきた生物学的適応と，一瞬にして生じかつ大きく依存する文化的適応とのアンバランスに起因する。換言すれば，生物学的に適応してきた環境と現代の文明化された環境との乖離である。その結果，座りがちな生活による筋骨格系の減退や腰痛，光周期を無視した人工照明への曝露による概日リズム不調，糖分・塩分の過剰摂取による生活習慣病，空調機器多用による耐寒性・耐暑性の減退，などの不適応が見られる。

　こころの不適応は，規範の数の増大や時代の変化の速さに追いつけない硬直した規範によるこころの問題である。集団の規模が大きくなると，規範の数も増える。新たな文明の利器による負の側面というストレスもある。地域集団が異なれば，あるいは同じ地域でも年齢階層が異なれば，常識や習慣のズレもある。このような規範の増大や時間的空間的（年齢と地域）なズレは，感情の制御機会を増大させかつ複雑にしてしまう。ついには不登校になったり，うつになったり，場合によっては犯罪に至る。こころの問題は，今後さらに深刻になるだろう。

　地球の不適応は，文明の利器というハード媒体への過剰依存からくるエネルギー消費増大，温室効果ガスの増加，環境汚染，気候不順，生態系破壊，環境破壊などである。エネルギー消費量が大きい先進国の間で温室効果ガス削減に関する実質的な取組みが始まったのは，1997年の京都議定書であった。その後経済成長の著しい発展途上国も取組みに参加したのが2015年のパリ協定である。しかし，国連環境計画の2018年版報告書で，世界の総二酸化炭素排出量が4年ぶりに増加したとし，温室効果ガス削減に関する国際的な取組み目標に達していないと指摘した。アメリカの Donald John Trump 大統領のパリ協定脱退表明は，さらに問題を難しくしている。これはからだの不適応と同様に，人の快追求という人の本性に起因するもので，深刻な課題である。

⑷　社会ホメオスタシスと感情

　社会でうまく生活するには，お互いの助け合いが必要である。他者を助ければ，いずれ自分も助けられるという期待のもとに働く行為である。これは**互恵的利他主義**（**reciprocal altruism**）と呼ばれる。助けられた他者からの笑みが利他者の扁桃体を刺激し，快を感じることが互恵的利他行動を促進したという[7]。しかし，そこにつけ込む裏切り者がでてくる。これに対して利他者は怒りを覚え警告を発し，ときに道義的攻撃により裏切り者を排除する。一方裏切り者は罪悪感を持つことで裏切り行為を停止し，また利他者からの信頼を回復することで互恵関係を再開できる。また同情の感情は，相手の窮状に応じて利

他者の動機付けを促す。大きな震災や水害で全国ときには外国からも多くのボランティアが訪れる構図が見て取れる。このような社会秩序を向上させる感情が選択され，道徳や倫理感にも繋がってきたという[8]。

　しかし，選択は総体的な現象であり，個々の場面では必ずしもそうはいかないのが現実である。どんなに厳格な道徳や倫理も，人間は勝手に無視する性行もあることを忘れてはならない。先の地球環境問題は今や喫緊の課題であり，世界主要国が真剣に取り組もうとしている。にも関わらず，世界をリードする一国の大統領でさえもが，協定を平気で無視する言動を放つ。そこには別の快刺激を求めた背景がある。これも人間の本性のひとつである。

5.4　おわりに

　近未来にますます開発が進む超超高層ビル，大地下空間，海底，宇宙などはこれまで人類が経験しなかった全くの異環境である。私たちは高い山に登ったり海に潜ると息苦しい。それは適応していないからである。日常生活で“何も感じない”のは適応しているからである。何かストレスを感じれば，それは体内環境もしくは体外環境のホメオスタシスが負の状態といえる。4.1に出てくる「闘争か逃走」反応は，ストレスに接したときそれに対して反応することで平常に戻るシステムである。熊に遭遇して“恐怖”を感じれば，瞳孔は開き，心臓はドキドキ，血流は増大し，いつでも“闘争か逃走”かの準備ができ，その実行によって難を逃れる。しかし現代のストレスはからだの準備ができても実行のやり場がなく，平常に戻らないことが多い。いつも残業のＡさんの前に嫌な上司が現れ仕事を追加する。このストレスに対し，反応の準備ができても闘うことも逃げることもできず，平常に戻れない。**Hans Selye**（**1907-1982**）のストレス学説にある抵抗期（ストレスへの耐性が安定している時期）を超えて疲弊期（ストレスへの抵抗力が減退する時期）を迎えると種々の障害をもたらすことになる。過去に培われたストレスへの適応的反応が，現代のストレス対処にそぐわなくなっている。現代の日常生活では，このように発散で

きずに我慢してしまうことが多いのではなかろうか。

　人工授精や臓器移植による生への期待は，過去には存在しなかった新たな欲望である。巨大ネットワーク化された情報網，人工知能，ロボット，人体改造，遺伝子編集，他者による脳制御など，近未来への展開はこれまでにない新たな快追求の欲望を出現させ，倫理的，人道的課題をさらに突き付けてくることは間違いない。つぎつぎに生じるストレスに対して，私たちの反応は狩猟採集時代のシステムでどのように対処すれば良いかが問われる。自ら創った脅威に対し，自らの知性が試される。

引用・参考文献

1 ）Olds J. : Pleasure centers in the brain. Scientific American, 195 : 105-117, 1956.
2 ）Rolls ET. : The Brain and Emotion, Oxford Univ. Press, 2005.
3 ）Maeda M, Sugawara A, Fukushima T, Higuchi S, Ishibashi K. : Effects of lifestyle, body composition, and physical fitness on cold tolerance in humans. J Physiol Anthropol Appl Human Sci. 24 : 439-443, 2005.
4 ）佐藤方彦（編）：生活文化論，井上書院，1992.
5 ）ジェレミー・リフキン，竹内均訳：エントロピーの法則　21世紀文明観の基礎，祥伝社，1982.
6 ）国立研究開発法人科学技術振興機構　低炭素社会戦略センター：低炭素社会の実現に向けた技術および経済・社会の定量的シナリオに基づくイノベーション政策立案のための提案書：（技術普及編）情報化社会の進展がエネルギー消費に与える影響（Vol. 1）―IT機器の消費電力の現状と将来予測―，2019年3月.
7 ）荘厳舜哉：文化と感情の心理生態学，金子書房，1997.
8 ）長谷川寿一，長谷川真理子：進化と人間行動，東京大学出版会，2000.

索　引

著者一覧

安河内　朗（やすこうち　あきら）（監修，1.1，1.3，5）
放送大学　福岡学習センター　所長
専門：生理人類学

岩永　光一（いわなが　こういち）（監修，4.4）
千葉大学大学院　工学研究院　教授
専門：生理人類学，人間工学

中山　一大（なかやま　かずひろ）（1.2）
東京大学大学院　新領域創成科学研究科　先端生命科学専攻　准教授
専門：遺伝人類学，生活習慣病の進化医学

石橋　圭太（いしばし　けいた）（2.1）
千葉大学大学院　工学研究院　准教授
専門：人間工学，生理人類学

前田　享史（まえだ　たかふみ）（2.2，2.6）
九州大学大学院　芸術工学研究院　デザイン人間科学部門　教授
専門：生理人類学，環境人間工学，温熱生理学

樋口　重和（ひぐち　しげかず）（2.3）
九州大学大学院　芸術工学研究院　デザイン人間科学部門　教授
専門：生理人類学，時間生物学

山内　勝也（やまうち　かつや）（2.4）
九州大学大学院　芸術工学研究院　コミュニケーションデザイン科学部門
　准教授
専門：心理音響学，騒音環境学

福岡　義之（ふくおか　よしゆき）（2.5）
同志社大学　スポーツ健康科学部　スポーツ健康科学科　教授
専門：環境生理学

小崎　智照（こざき　ともあき）（3.1）
福岡女子大学　国際文理学部　環境科学科　准教授
専門：人間工学，環境衛生学，生理人類学

山崎　和彦（やまさき　かずひこ）（3.2）
実践女子大学　生活科学部　生活環境学科　教授
専門：生理人類学，温熱生理学，衣服衛生学

津村　有紀（つむら　ゆき）（3.3）
純真短期大学　食物栄養学科　准教授
専門：栄養学，生活科学

水野　一枝（みずの　かずえ）（3.4）
和洋女子大学　家政学部　服飾造形学科　准教授
専門：睡眠温熱環境　睡眠時の体温調節

山内　太郎（やまうち　たろう）（3.5）
北海道大学大学院　保健科学研究院　教授
人間文化研究機構　総合地球環境学研究所　教授

専門：人類生態学，国際保健学

若林　斉（わかばやし　ひとし）(3.6)
北海道大学大学院　工学研究院　環境工学部門　准教授
専門：環境人間工学，環境生理学

小林　宏光（こばやし　ひろみつ）(3.7)
石川県立看護大学　看護学部　教授
専門：生理人類学

元村　祐貴（もとむら　ゆうき）(4.1)
九州大学大学院　芸術工学研究院　デザイン人間科学部門　助教
専門：生理人類学，精神生理学，感性科学，睡眠

恒次　祐子（つねつぐ　ゆうこ）(4.2)
東京大学大学院　農学生命科学研究科　生物材料科学専攻　准教授
専門：生理人類学，居住環境学，木質科学

下村　義弘（しもむら　よしひろ）(4.3)
千葉大学大学院　工学研究院　教授
専門：生理人類学，人間工学

MEMO

MEMO

生理人類学　—人の理解と日常の課題発見のために—

2020年 11 月 27 日　初版第 1 刷発行

検印省略

編　著　安河内　朗
　　　　岩永　光一
発 行 者　柴山　斐呂子

発 行 所　**理工図書株式会社**

〒102-0082　東京都千代田区一番町 27-2
電話 03（3230）0221（代表）
FAX03（3262）8247
振替口座　00180-3-36087 番
http://www.rikohtosho.co.jp

© 安河内　朗　2020　　　　　Printed in Japan　ISBN978-4-8446-0902-5
印刷・製本　藤原印刷株式会社